U0182541

Under The Sea Wind

[美] 蕾切尔 · 卡森（Rachel Carson） 著
贾晗湘 译

中国科学技术出版社
· 北 京 ·

图书在版编目（CIP）数据

海风下 /（美）蕾切尔·卡森（Rachel Carson）著；贾晗湘译 .— 北京：中国科学技术出版社，2023.11

书名原文：Under the Sea Wind

ISBN 978-7-5046-9962-6

Ⅰ . ①海… Ⅱ . ①蕾… ②贾… Ⅲ . ①海洋生物—普及读物 Ⅳ . ① Q178.53-49

中国国家版本馆 CIP 数据核字（2023）第 033218 号

策划编辑	方　理	**责任编辑**	刘　畅
封面设计	仙境设计	**版式设计**	蚂蚁设计
责任校对	邓雪梅	**责任印制**	李晓霖

出　　版	中国科学技术出版社
发　　行	中国科学技术出版社有限公司发行部
地　　址	北京市海淀区中关村南大街 16 号
邮　　编	100081
发行电话	010-62173865
传　　真	010-62173081
网　　址	http://www.cspbooks.com.cn

开　　本	880mm × 1230mm　1/32
字　　数	143 千字
印　　张	8
版　　次	2023 年 11 月第 1 版
印　　次	2023 年 11 月第 1 次印刷
印　　刷	河北鹏润印刷有限公司
书　　号	ISBN 978-7-5046-9962-6/Q · 252
定　　价	69.00 元

致我的母亲

只要阳光和雨水尚存，
万物必将生长；
只要风无休止，
海水会永远奔流。

——阿尔加侬·斯温伯恩（Algernon Swinburne）[1]

① 阿尔加侬·斯温伯恩（1837—1909），英国诗人、剧作家和文学评论家，本段节选自其诗作《遗弃的花园》（*A Forsaken Garden*）。——译者注

目录

上篇　海之边缘

中篇　海鸥的航线

下篇　河流与海洋

上篇　海之边缘

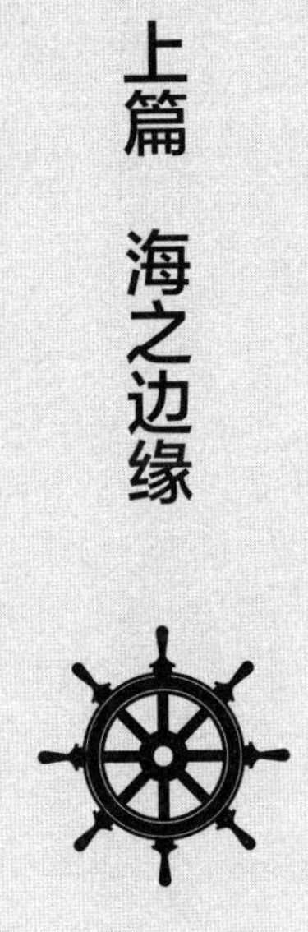

第1章　春潮大涨

深沉的暮色不知不觉间从东方迅速蔓延过海湾，将海岛笼罩在一片更浓重的阴影之下。岛的西岸，暗淡的天空隐约透露着微光，映照在湿漉漉的窄滩上，留下一条波光粼粼的水路，一直通往海天相接的深处。海滩和水面泛着金属般的颜色，闪着银亮的光泽，连界线也变得模糊起来。

海岛很小，小到一只海鸥拍打二十来次翅膀就能飞越。此时夜色已经降临，笼罩着岛的北面和东面。在这里，沼泽间的水草肆意地向漆黑一片的水中蔓延，矮生雪松和代茶冬青也淹没在一片浓重的阴影之间。

乘着暮色，一只长相奇特的水鸟从外海岸的鸟巢飞来岛上。鸟儿的翅膀乌黑，两翼尖端的距离比人的手臂还要长。它平稳而坚定地越过海湾，每次振翅都精确有力地向前飞出一小段距离。连暮色也一样决然，不偏不倚地一点点吞没水面残存的光亮。这只飞鸟叫作剪嘴鸥，是一种黑色撇水鸟。

鸟儿快要飞上岸时，身体俯冲向海面，灰茫茫的暮色清晰地衬托出它乌黑的轮廓，仿佛一只看不见的大型飞鸟从空中掠过，投下了一片阴影。倘若它每次振翅会发出声响，那声音也太微不可闻，旋即消失，只能听见潮湿的沙滩上海浪冲刷贝壳时发出的轻响。

海水在新月引潮力的影响下，拍打着扎根于海岸沙丘外缘的海燕麦。赶着最后一波大潮，剪嘴鸥和它的同伴也来到了位于海湾与大海之间的外围障壁沙滩上。先前它们在墨西哥尤卡坦半岛过冬，之后一路向北飞来这里。待到六月，鸟儿将伴着温暖的阳光在多沙的岛屿或是外海滩上产卵，孵出嫩黄色的雏鸟。但漫长的飞行过后，现在的鸟儿早已疲惫不堪。日间，它们等潮水退了便在沙洲上休憩，到了晚上，又在海湾或其边上的湿地漫步。

满月之前，剪嘴鸥便已熟悉了这座岛。岛屿位于一个寂静的海湾上，来自南大西洋的巨浪向海岸席卷而来。岛的北面与陆地相隔，中间有一道深深的沟堑，退潮时海浪格外汹涌。岛的南面，海滩坡度平缓，因此渔民们可以深入缓缓涌动的海水半英里①，用耙打捞些扇贝，或是拖着长长的围网捕鱼，直到海水淹没至腋下。浅滩上，幼鱼聚在一起捕食更加细小的猎物，

---

① 1英里约为1.609千米。——译者注

虾群向后扑腾着尾巴跳跃。生态丰饶的浅滩每晚都引来水鸟，它们离开海岸边的鸟巢，在浅滩上方盘旋，精挑细选地捕食。

潮水在日落时分退去，此刻又重新涨起。海水漫过鸟儿午后的休憩地，顺着入海口涌向海滨湿地。入夜，水鸟大部分时间都在捕食。潮水将鱼儿带到水草丰美的浅滩，于是鸟儿扇动着纤长的翅膀在水面滑翔，猎捕小鱼。由于这些水鸟以涨潮带来的鱼虾为食，所以人们又称它们为潮水鸥。

岛屿的南岸海滩，水深不过人类的手长，海水缓缓地流过凹凸不平的沙滩底部，一只剪嘴鸥盘旋着预备在此地捕食。它将翅膀向下一拍，随后又高高地扬起，以一种奇特而又欢快的律动飞翔着。鸟儿把头垂得很低，这样它长长的、形如一片剪刀的下喙便能插入水中了。

锋如利刃的鸟喙一入水，便在平静的海面上划出一道细细的水纹，旋即又荡开层层微波，波动传入水中，到了水底又反弹上来。正漫游着觅食的鲇鱼和鲹鱼察觉到了水波的荡漾。在鱼类的世界里，声波可以传递很多信息。有时，震动是由小虾或者桨足甲壳类等可供鱼儿捕食的动物在水面成群而过引起的。正因如此，一有鸟儿掠过，饥肠辘辘的小鱼就好奇地探向水面。于是，一直在四周盘旋的剪嘴鸥立刻转头，沿原路往回飞，只见它短小的上喙迅速地一张一合，猛然间，咬住三条鱼。

“啊——，哈——！哈——！哈——！”剪嘴鸥发出叫喊，声音刺耳而洪亮。叫声顺着水面传得很远，仿佛又有回声从另一端的湿地传了回来，那是同伴们的回应。

潮水一点点涌向多沙的海岸，剪嘴鸥来回穿梭于岛屿的南岸海滩，引得鱼儿循着波动探出水面，随即被猛然转身的剪嘴鸥一口衔起。待填饱了肚子，它便拍打几下翅膀盘旋而升，之后环岛飞翔。飞过沼泽密布的海岛东端时，成群的鳉鱼正在水草中穿行。对鳉鱼来说，剪嘴鸥并不危险，因为它的两翼太宽，无法穿越成簇的植被。

到了由当地渔民建造的码头一带，剪嘴鸥猛一转身，飞越沟堑，又从盐沼的高空席卷而过，尽情享受翱翔的乐趣。过一会儿，它又加入同伴们组成的鸥群，群鸟在沼泽上方结成行列，时而像夜空下的暗影，时而又仿如幽灵，像燕子似的盘旋，露出洁白的胸脯和隐约透着微光的腹部。飞翔时，鸥群叫声渐响，仿佛组成了一支怪异的暗夜合唱团，发出混杂着高低音的奇特声调，一会儿柔和如哀鸠，一会儿尖锐如乌鸦。鸥群的合唱忽高忽低，时而高亢时而短促，渐渐在沉寂的夜空中淡去，空留那如同远方猎犬吠叫声的余音。

剪嘴鸥环岛而飞，一次次穿越岛屿南面的沼泽上空。涨潮期间，它们成群结队地在这片安静的海湾捕食。剪嘴鸥喜爱夜色深沉，特别是今晚，厚厚的云层堆积在海天之间，月光也黯淡了。

海滩上，潮水涌动，夹杂着柔和的叮当响声。海水流过成排的铃贝和小扇贝，又迅速涌到堆积的海生菜下方，搅动着因午后退潮而藏在此处的沙蚤。沙蚤用背和最上方的触角游水，随着潮水起伏漂流而出，又被水流带回。夜间，它的天敌沙蟹会在沙滩上迅捷而悄无声息地移动脚步捕食，因而此刻在水中畅游的沙蚤还算安全。

那晚，除了剪嘴鸥，还有许多生物来到环岛浅滩觅食。夜色渐深，潮水交叠着一浪高过一浪，漫过湿地间的水草。只见两只菱斑龟滑入水中，加入同伴们移动的队伍中。这两只菱斑龟都是雌龟，它们刚刚在高潮线之上产卵。雌龟在柔软的沙滩上用后腿挖出形如罐子的沙坑，且因它们偏长的身材不便行动，沙坑并不算深。之后它们便在这里产卵——一只产下五枚，另一只产下八枚。产卵后，雌龟仔细地在上面覆盖了一层细沙，再围绕着沙坑来回爬行，以掩盖此处筑巢的痕迹。沙滩上也有其他龟巢，但没有哪个筑成超过两周之久，因为菱斑龟的繁殖季从五月才开始。

剪嘴鸥循着鲻鱼的踪迹一路深入湿地，正看见菱斑龟在这片潮水湍急的浅水区遨游。它们慢悠悠地啃食水草，也捕食在岸上爬行的小蜗牛或是水底的螃蟹。其中一只菱斑龟刚游过两根细长的杆子，它们立柱似的戳进水底——那是蓝苍鹭的鹭脚，这鹭鸟体形庞大，常常形单影只。每到夜晚，它便离开三英里外的栖息地，飞来这座海岛捕食。

此刻，苍鹭正一动不动地伫立着，脖颈弯曲贴向肩膀，它的长喙时刻准备好刺向两腿间快速游过的鱼。就在这时，游往深处的菱斑龟惊动了一条幼年鲻鱼，吓得它慌乱间冲向海滩。敏锐的苍鹭也察觉到水面的波动，它迅速发起攻击，用长喙刺穿鲻鱼。随后，苍鹭将鱼向上抛起并用嘴一接，先咬住鱼头再顺势将整条鱼吞入腹中。除了先前的小鱼苗，这还是苍鹭今晚的第一餐。

高潮线之下散落着海草、枝杈、风干的蟹钳和贝壳碎片，现在涌动的海潮大致来到潮间带的中段。潮水线上方的沙滩时有微小的起伏，在那里菱斑龟开始孵化龟卵，小菱斑龟要到八月才会降生。沙滩中也埋藏着许多去年生的幼龟，有些仍未从冬眠中苏醒。在冬季，幼龟靠体内残存的胚胎卵黄维系生命，然而许多小龟还是没挨过去。毕竟冬季寒冷而漫长，霜冻直浸到沙子的深处。那些幸存的菱斑龟也多病弱，瘦小的身躯藏在甲壳之下，甚至比出生时还小了一圈。此时，幼龟正虚弱地在沙滩上爬行，不远处，新生的菱斑龟卵则静静地等待孵化。

潮水涨到一半时，藏着龟卵的水草上方突然一阵晃动，似有微风吹过。水草被从中间拨向两旁，可今夜本无风。原来一只狡黠、嗜血、已有几岁大的老鼠一路来到水边，用四只脚和肥硕的尾巴开辟出一条光滑的小路。老鼠和它的同伴住在老旧的、渔民用来放置网具的棚子下，它们以岛上许多鸟儿的鸟蛋以及新生幼鸟为食。

正当老鼠顺着环绕在菱斑龟巢四周的水草边缘向外探查时，苍鹭突然跳离了水面，这一跳足有掷出一枚石子那么远。只见它用力地拍打翅膀，越过岛的上空飞向了北岸。原来，苍鹭看到两个渔民正乘着小船来到海岛西面的尖角。待行至浅处，渔民便借着船头手电筒的光线，将鱼叉戳向水底的比目鱼。渔船向前行进，黄色的光斑在漆黑的水面上移动，摇曳的光线映照着船经过时荡向岸边的涟漪。水草间闪着绿幽幽的两簇光，那是老鼠正静静地盯着前方。直到小船经过南岸驶向镇上的码头，它才沿来路滑向沙地。

空气中充斥着浓重的菱斑龟和新生龟卵的气味。老鼠贪婪地嗅着这股味道，兴奋得吱吱叫。它立刻向下挖，没过一会儿便找到一颗龟卵，紧接着用嘴刺破壳、吸出卵黄。很快，老鼠又发现了两颗龟卵，正要吸入腹中时，却听到附近的水草里发出声响，原来是一只幼龟正在爬行。它身处草根和泥土缠绕的杂草间，海水漫了过来，幼龟正极力挣脱。很快，一个黑影闪过沙滩又穿过细流，正是老鼠捕获了幼龟。它将猎物叼在嘴里，经过沼泽间的草丛，来到一块高地。老鼠聚精会神地剥下幼龟薄薄的龟壳，全然没有注意周围的变化——潮水稍稍升起，又流向更深处。原来是蓝苍鹭涉水而归，乍然来到老鼠身前，紧接着就咬穿了它的身体。

* * *

那是个寂静的夜晚，除了潮水翻涌和水鸟的响动，几乎听不见其他声音，连海风也在这夜间入睡。浪花从入海口层层涌来，轻轻拍打着滨海沙坝，远处的水声如叹息般微不可闻，大海也仿佛伴着均匀的呼吸声悄然睡去。

怕是要最灵敏的耳朵才能捕捉到寄居蟹的声音——它正拖着栖身的壳，爬过潮水线的上方。小巧的蟹足在沙砾间碎步曳行，撞到其他贝壳时吱嘎作响。为了甩开身后的鱼群，小虾跃出水面，溅得水花四起，落下时发出微弱而清脆的声音。从未有人察觉这样的自然之声，它们只属于岛屿之夜，属于这汪海水，属于海陆之交。

陆地则近乎沉默。石鳖发出一丝微弱的颤音，但这只是春日序曲，待到春深，它会整夜整夜地奏响乐章。雪松间的寒鸦和嘲鸫倦意正浓，有时醒来，便懒洋洋地喃喃低语或相对而鸣。到了午夜，一只嘲鸫足足歌唱了一刻钟，它模仿着白天里听到的各式各样的鸟叫，更增添了颤音、轻笑和口哨声。一曲唱罢，嘲鸫也安静下来，夜晚又归于沉寂，只能听见海水的声音。

那晚，海湾深处的水道游过一群鱼。它们腹部浑圆，鱼鳍柔软，身上覆盖着大片的银鳞。那是一群即将产卵的西鲱鱼，刚洄游至此。多日以来，这群西鲱一直在入海口靠海一侧的碎浪带外徘徊。今夜，它们随着涨潮游过为渔民提供向导、不时叮当作响的浮标，穿越入海口，途经水道横渡海湾。

夜更深了，潮水涌向沼泽深处，河口里的水位也越来越高。西鲱鱼群加快了游动的步伐，打算经含盐量稍低些的水域游往岛上的河流。河口宽广，水流缓慢，它连通的仅仅是海湾的一条支流。河岸凹凸不平，两旁分布着盐沼，蜿蜒着通往上游。海洋对这一带水域的影响颇为深远，连有段距离的上游河水也伴随着海浪涌动，泛着苦涩的咸味。

西鲱鱼群中，有的鱼已满三岁，还是第一次洄游产卵。还有一些鱼龄多上一年，它们已是第二次到访，也更加熟悉河道的分布以及如何通过那些分岔的河口。

年幼的西鲱鱼对这条河的“记忆”很模糊——倘若我们

可以将西鲱超强的感官系统称为“鱼的记忆”。它们敏感的鱼鳃和侧线能感知盐分、水流律动及振幅的变化，并以此辨认方向。三年前它们沿河流来到下游的入海口，在秋季降温前纵身跃入海中，那会儿西鲱的身体还不到成年男性的手指长。鱼群一入海，便将河流彻底抛在脑后，它们整日在水中畅游，以虾和端足目生物为食。西鲱鱼兜兜转转游入海洋深处，使人无处追寻它们的踪迹。鱼群或许在温暖的深水区过冬，或许在陆地边缘昏暗的暮色下休息。它们也偶尔小心翼翼地越过大陆架的边缘，窥探幽暗无声的深海。到了夏天，西鲱鱼来到开阔的海面，这里丰饶的物产足以让它们饱餐一顿。于是，鱼儿闪亮如盔甲的鳞片之下长出更多雪白的肌肉，囤积起肥美的脂肪。

这三年里，西鲱鱼群沿着只有它们知道并得以通行的水路畅游。直到今年春季，随着太阳南移，海水升温越来越慢，鱼群本能地游往出生地繁衍产卵。

鱼群以雌鱼为主，产卵前夕它们的腹部沉甸甸的。如今主鱼群已过，这一队来得算迟了。率先抵达的雄性西鲱已经准备就绪，只待雌鱼的到来，而雌鱼腹中的鱼子也急不可耐了。有些先来到河里的西鲱甚至上溯至一百英里之外的河流的源头——一片柏树茂密的沼泽地。

一条鲱鱼在整个繁殖期可以产下数十万颗鱼子，而这些鱼子最终只有一两颗能够顺利通过河流与海洋的考验，在今后的某个繁殖季得以洄游至此，繁衍后代。自然规律看似无情，但正因如此，物种间的平衡才得以维系。

* * *

薄暮时分，岛上的一位渔民已经出发放置捕鱼的刺网。他和镇上的另一个人共有这张网。他们将巨大的刺网置于河的西岸，与河岸近乎形成一个直角，再将网远远地甩到河流中间。当地渔民代代相传一条捕鱼的诀窍——洄游的鱼群从峡湾水道进入河口后，会直奔少有分岔的西岸。因此这一侧布满了固定式渔具，比如建网，而那些使用移动渔具的渔民只得苦苦争夺所剩不多的好地段。

安置刺网的河段上方，是一张长长的导网，它连接着其他渔民捕鱼用的建网。建网两端固定在杆子上，杆子笔直地插入柔软的河底。去年，有人发现用刺网捕鱼的渔民将他们的网放在建网的正下游，这样一来，刺网会抢先截获过往的鱼群。两伙人为此起了冲突。结果使用刺网的渔民寡不敌众，在余下的捕鱼季里被迫前往河口的另一处，收成少得可怜，自然也对赶走他们的渔民心存怨恨。今年，这些渔民在黄昏时便前来安置刺网，预备破晓时收网，而用建网的渔人日出前后才会赶来查看。到了那会儿，他们早已连鱼带网满载而归，这个丰收之夜外人无从知晓。

到了午夜，水位几乎涨到最高，浮子纲忽然摇晃起来——洄游的西鲱鱼群触网了。钢索剧烈地抖动，几个软木浮子被渔网扯到水下。一条足有四磅[1]的待产雌鱼一头扎进了一个网孔中，正拼命地想要逃出来。触网时，牢牢绷紧的网圈滑进了鱼鳃下方，狠狠割破了脆弱的鳃丝；西鲱鱼又一次撞向渔网，这次是想要摆脱这个让它剧烈疼痛、快要窒息的绳圈；可鱼儿仿佛被一把无形的钳子困住，渔网拦住了它向上游的去路，它也不可能再回到安全的深海中了。

那一晚浮子纲上上下下摇晃个不停，刺网收获颇丰。大部分鱼是慢慢窒息而死的。鱼类用嘴吸水，水流过鳃，这样反复交替得以呼吸。但渔网的绳圈阻碍了鳃盖有规律的运动，鱼最终缺氧而死。其间，浮绳曾被重重地扯到水面以下，足有十分钟之久，那是一只鹛鹏误入刺网。它为了捕食一条鱼在水下五英尺[2]深处快速穿行，肩膀却撞进网孔，只得急躁地甚至粗暴地甩开翅膀和蹼足挣扎，但却绝望地越陷越深。鹛鹏很快就溺死了。它的身体摊挂在渔网上，旁边是一排银色的鲱鱼尸

① 1磅约为0.454千克。——编者注

② 1英尺约为0.305米。——译者注

体，头朝向河流上游。它们原本要去那里产卵的，先抵达的鱼群还在等待着它们的到来。

头几条西鲱鱼刚一触网，便引起了在河口一带栖息的鳗鱼的注意，它们准备好饱餐一顿了。黄昏一到，鳗鱼便扭动着身体沿河岸滑行，将吻部探入蟹洞，寻找一切可供捕食的小型水生生物。鳗鱼虽然具备独立捕食的能力，但当能截获渔民刺网中现成的鲱鱼时，它们也不介意成为水中的掠夺者。

几乎毫无例外，河口处只有雄性鳗鱼。小鳗鱼在海水中出生，继而洄游，雌鱼会继续上溯到更远处的河流与溪水间，雄性则在河口等待，直到它们未来的伴侣养得光滑肥美，雄鱼和雌鱼再一同返回海里。

生活在沼泽水草根部的鳗鱼将头探出洞，轻柔地左摇右摆，兴奋地品尝河水的滋味。它们敏锐地觉察到一丝血腥气正慢慢在水中扩散——入网的鲱鱼在拼命挣脱时流血了。鳗鱼尝到了甜头，鱼贯而出，循着这股味道来到渔网旁。

这一晚，鳗鱼享用了一场顶级盛宴，因为它们顺手牵羊的鲱鱼大多满腹鱼子。鳗鱼用尖牙咬穿鲱鱼的鱼腹，一口就把鱼子吃尽。有时一两条鳗鱼也会钻进鲱鱼的身体中将鱼肉啃食干净，于是鲱鱼就只剩下一个空空的皮囊。这群掠夺者凭自己的本领是捉不到鲱鱼的，因而想吃到这么丰盛的一餐，只能靠偷袭渔民的捕食成果。

夜更深了，潮水渐退。此时游往河流上游的西鲱鱼越来越少，刺网也不太发挥作用了。少数几条在退潮前被刺网勾住的鱼因陷得不深，又随着回落的潮水流向了下游海域。一部分逃出刺网的鲱鱼到底还是误入了建网的陷阱。它们顺着导网游过一面布满细小网眼的网墙，紧跟着掉入建网的中心位置，就这样成了渔民的囊中之物。好在大部分西鲱鱼绕过建网到达了几英里之外的上游地带，它们会在那里重整旗鼓，边休息边等待下一次大潮。

渔民借着船上灯笼的光线一路赶到北岸时，码头木桩上的湿水线已经露出两英寸[①]了。渔人踩着靴子嗒嗒地走过，船桨与桨托相互摩擦发出吱嘎的响声，水花扑簌着四起，原本安静的水面活跃起来。直到渔船划入那道与陆地相连的沟堑又前往镇上去接它的另一位主人时，海岛才再次归于沉寂，在静默中等待着天亮。

尽管太阳还未升起，但依然可以察觉到，夜色不再是漆黑一片了。和午夜时分相比，海面和夜空像浓墨一点点晕开似的逐渐变得通透。一缕清风从东方飘向海湾，掠过回落的潮

① 1英寸约为2.54厘米。——译者注

水，在海滩上溅起微小的水花。

剪嘴鸥大多已经飞走了，它们沿着海湾的入海口返回外海岸，只有最初的那只还在。它不知疲倦地环岛飞行，有时绕着大圈在湿地上方翱翔，有时又顺着河口向上游的捕鱼区飞去。当它再一次飞过沟堑直奔河口而去时，天才蒙蒙亮，刚能看清两个渔民正将船驶向刺网的浮子纲旁。白茫茫的雾气掠过水面，笼罩着渔民的身影，只见两人站在船上，正拉紧渔网末端的锚索将它提起。起锚了，渔民将锚丢在船上，其间还缠着一大团川蔓藻。

剪嘴鸥沿低空朝着上游飞行了大约一英里，随后在沼泽上方绕了一大圈又再度飞向河口。鱼和水藻的腥气透过晨雾在空气中弥漫开来，渔民的吵嚷声也能听得一清二楚。他们一边咒骂着什么，一边拉高渔网摘出鱼来，随后把还在滴水的网子堆放在船舱底部。

剪嘴鸥在渔船上方拍了几下翅膀，一位渔民便顺手猛地把食物丢了过去——一个鱼头，上面好像还缠着一节硬实的白色绳索似的东西。那其实是一条待产子的鲱鱼，鳗鱼抢先一步啃光了鱼肉，现在只剩下一个鱼头和一节骨架。

剪嘴鸥再次飞往河口时，正遇上乘着退潮顺流而下的渔民。船上堆着刺网，下面压着六七条西鲱，其余的都让鳗鱼给啃得只剩下骨头。海鸥聚集在置网的地方，围着渔民弃置船外的鱼兴奋地啼叫。

潮退得很快，奔腾着流过连通陆地与岛屿的沟堑继而入海。日出东方，阳光穿透云层，洒向整片海湾。剪嘴鸥转了个身，追逐着奔涌的潮水，向大海飞去。

第2章　春日翱翔

西鲱鱼群穿越入海口来到上游河口那晚，浩浩荡荡的鸟群也飞来这片海湾。

破晓时分，潮水退了一半。两只小巧的三趾鹬在离岸沙洲的海滩上互相追逐。它们紧贴着退潮的边缘从昏暗的海水旁跑过。只见鸟儿黑得发亮的爪子踩在硬实的沙地上，那里大朵的泡沫翻腾纷飞，如同蓟花轻盈的冠毛飘扬。两只小鸟体形匀称，一身锈红色与灰色相间的羽毛整整齐齐。它们跟随着一队由几百只三趾鹬组成的鸟群从南方迁徙而来，赶在夜晚抵达这里。这些外来的鸟儿上岸后，先在大型沙丘的背风处歇息了一阵，那会儿天色还很昏暗。此刻，晨光和退潮将它们引来海滨。

两只三趾鹬探向潮湿的沙滩，试图寻找几只外壳轻薄的小型甲壳动物。沉浸在觅食的兴奋之中的鸟儿全然忘却了一夜长途飞行的疲惫，更懒得去想若干天后必须要赶到的那片遥远的冻原，那里有广袤的冻土、白茫茫的雪湖，还有极昼的太阳。走在后面的是迁徙鸟群的头鸟“墨爪”，它正在经历第四次从南美洲最南端到北极筑巢地的长途飞行。墨爪短暂的一生都在迁徙中度过——追着太阳，越过赤道，从最南到最北飞越六万多英里，一春一秋就能飞出八千英里。跑在前面的雌鸟“小银条”则刚满一岁，九个月前它才勉强会飞时就离开了北极，这是它第一次北迁。像所有三趾鹬那样，小银条在冬季还身披如珍珠般光洁的灰色羽毛，再度归来时，它的身上已多了许多红褐色的花斑。

墨爪和小银条沿着海浪的边缘探向沙滩上蜂窝似的小洞，那里面藏着它们在这一带的最爱——小巧、呈卵形的鼹蝉蟹，也叫鼹蟹。每个浪头退去后，潮湿的沙滩上都会鼓起气泡，那是蟹洞排出的空气。只要三趾鹬的爪子够快够准，它就赶得及在下一个大浪来临前将鸟喙刺入蟹洞并扯出鼹蟹。有时迅疾的海浪也会冲垮蟹洞，鼹蟹顺着海水滑了出来，在湿漉漉的沙地上直蹬脚。三趾鹬常趁鼹蟹不知所措时一举出击，不给它们仓皇爬开并将自己埋进沙子的机会。

小银条紧贴回落的潮水，注意到两个晶莹的气泡正从沙子间冒出来，它知道鼹蟹就藏在下方。尽管双眼注视着气泡的变化，小银条还是敏锐地察觉到一个大浪正席卷而来。它看着浪潮奔涌着扑向沙滩，同时估算着海浪前进的速度。就在浪花飞溅的一刹那，蟹洞里传来“嘶”的一声轻响，尽管混杂着低沉浑厚的潮水声，但这声轻响依然没能逃过小银条的耳朵。就在此时，鼹蟹毛茸茸的蟹脚从沙子间探了出来。小银条在碧绿的波峰旁飞奔，兴奋地将张开的鸟喙刺入湿沙、扯出鼹蟹。潮水还没来得及淹没鸟儿的双腿，它便已转身跑向高处的沙滩了。

太阳还未升起，阳光沿水平方向蔓延过海面。三趾鹬鸟群中的其他成员也加入了墨爪和小银条觅食的队伍，很快小巧的滨鸟便遍布海滩。

一只燕鸥沿着碎浪带[①]飞来，它头顶的黑色冠羽低垂着，警觉地观察着水下游动的鱼儿。燕鸥的视线又转向三趾鹬鸟群，因为这种小型滨鸟很容易因受到惊吓而放弃入口的猎物。燕鸥见墨爪逐浪而来又捕获了一只小螃蟹，便面露凶色地俯冲过来，发出尖锐刺耳的叫声。

“嚏——哑——哑！嚏——哑——哑！”它威胁道。

燕鸥翅膀雪白，体形是三趾鹬的两倍大，猛地冲过来，吓了墨爪一跳，毕竟它先前只顾着躲开扑涌而来的潮水以及叼住的个头不小的螃蟹。见燕鸥靠近，它猛然弹开，发出“嘁！

---

① 波浪涌向海岸时，因与海底摩擦发生形变和破碎，出现分带。从海向陆依次分为起浪带、破浪带、碎浪带和冲洗带，其中破浪带和碎浪带的水流相对汹涌。——译者注

嘁！”的尖锐叫声，从浪头上方绕圈飞走。燕鸥盘旋着追在它的身后，大声叫嚷着。

若论在空中驰骋打旋，墨爪一点也不输燕鸥。两只鸟疾驰、扭身、回转，忽而追逐着高飞，又陡然冲向浪潮的低凹处，绕着海浪你追我赶，叫声湮没于沙滩上嘈杂的三趾鹬鸟群之中。

燕鸥追着墨爪冲向高空时，瞥见水下数抹银色的身影。它立刻弯下头仔细探查新猎物。只见绿汪汪的海水间，闪过一条条银亮的短线，那是一群银汉鱼。燕鸥急剧倾斜身体，几乎和海面呈垂直的角度，再将身体一沉，冲向水面。尽管它的体重也不过几两，但力度之大，激得水花四散。转瞬间，燕鸥衔鱼而出。沉浸在捕食银汉鱼的兴奋中，它早已将墨爪忘在一边。而此时，墨爪也已与海岸边的同伴会合，又和先前一样，跑来跑去忙着觅食了。

涨潮时分，海浪滚滚而来。潮水攀得越来越高，又重重地拍向海岸，警示在海滨觅食的三趾鹬此处有些危险了。鸟群在海面上方盘旋，挥动着有别于其他鹬鸟的白色条纹翅膀。它们擦着浪尖一路向海滩上游飞去。三趾鹬最终来到了陆地的尖端，这里名唤“船滩”。许多年前海水绕过这里的沙洲，涌向深处的内陆，才有了这整片海湾。

船滩一带的沙滩开阔平坦，南朝大海，北靠海湾。宽广而平缓的沙地最适宜矶鹬、鸻鸟等滨鸟栖息。燕鸥、撇水鸟、海鸥也喜欢来这里，它们在海面捕食，休息时便成群地聚集在岸边沙地上。

这天早上，海滩群鸟密布，它们边休息边等待退潮，打算再饱餐一顿，为北上之行储存能量。现在是五月，正值滨鸟春季大迁徙的高峰期。数周前，各类水禽已纷纷出发踏上北迁之旅。为了赶上北方湖泊的冰雪初融，秋沙鸭早在二月便离去了；帆背潜鸭也在不久后离开了长着野生水芹的河口，追着残冬向北飞去。北迁的队伍不只如此，还有喜食遍布海湾浅滩的鳗藻的黑雁、长着敏捷的蓝色翅膀的水鸭，以及令天空一度回荡着它们温柔啼啭的天鹅。连最后一队白云般的雪雁也在一个月前飞走了，此后这里又见证了两波大潮和两波小潮的起起落落。

接着，沙丘上空飘过鸻鸟的高歌，盐沼旁传来杓鹬的清脆啼鸣。入夜，它们在空中留下模糊的身影。下游的渔村已是夜深人静，鸟鸣也婉转柔和，几乎听不大清。这些水禽原本在岸边或是沼泽栖息，现在正沿着祖先的航线一路翱翔，寻找北方的筑巢地。

* * *

滨鸟在入海口一带的沙滩上纷纷睡去，于是这里成了其他猎手的胜地。等到最后一只水鸟也打起盹来，一只沙蟹便悄悄地爬出蟹洞。它把藏身之处选在了高潮线之上，四周尽是松软的白沙。沙蟹踮着脚尖、迅速挪动着八条蟹腿在沙滩上爬行。附近是三趾鹬鸟群，最边上站着小银条。离小银条十几步远处堆积着零落的海藻，它们随着夜晚的潮水漂来这里，沙蟹就停在这堆海藻前。它的外壳呈米褐色，颜色和周围的细沙非常接近，以至于它一动不动时几乎与沙滩融为一体，难以辨认。只有两只瞪得溜圆的眼睛像鞋子上的黑纽扣似的，昭示着它的存在。小银条看到沙蟹正蜷缩在残败的海燕麦秸秆、大片水草叶子和海生菜下方，等待着猎物沙蚤现身，再捉它个措手不及。沙蟹很清楚，沙蚤因喜食残根败叶，常在退潮后藏身于这样的海草间。

赶在下一个手掌高的浪头打来之前，一只沙蚤从碧绿的海生菜下方爬了出来。它弯起脚，灵活地跳过一株海燕麦，毕竟于它而言，这仿佛参天大树。沙蟹见状一跃而起，像只凶猛的猫，接着用它粗壮的蟹钳，或称螯，狠狠夹住沙蚤，再一口吞下。接下来的一小时里，沙蟹尾随着猎物悄声移动，一次次变换位置，成功捕获不少沙蚤。

又过了一小时，风向变了，风掠过入海口的水道从海面斜着吹来。鸟儿们纷纷转变方向，迎风而立。只见几百只燕鸥在沙洲尖端一带的海浪上方捕鱼。水下，银白色的小鱼成群结队地朝大海远处游去。燕鸥不时地下潜又跃出水面，空中尽是它们拍打着洁白翅膀闪过的倩影。

船滩上空断断续续地传来黑腹鹬的振翅声，它们正急行而过。半蹼鹬也不甘落后，前后两拨排着长长的队伍向北飞去。

正午时分，沙丘上方闪过两片洁白的翅膀，原来是一只雪鹭。只见它低垂着两条黑色的长腿，在池塘的边缘款款落下。这片池塘夹在沙丘东端和入海口处的沙滩之间，被沼泽环住半圈。很多年前，池塘比现在要大，鲻鱼不时从海中游来，因此这里得名“鲻鱼塘”。小雪鹭日日来此，在水浅的地方捕食疾驰而过的鳉鱼或鲰鱼。有时它也能遇到大型鱼的幼鱼，那是每月的两场大潮漫过沙滩席卷而来时带到这里的。

日照当空，池塘寂静无声。雪鹭站在碧绿的水草之间，羽毛雪白，下肢乌黑，双腿像高跷似的又细又长。它全身绷紧，一动不动，锐利的双眼紧盯着水面的波动，一丝涟漪，哪怕是涟漪的光影都不可能从它眼下溜走。这时，泥泞的池底游过一纵队灰白的鲰鱼，共有八条，在水底投下团团黑影。

雪鹭灵蛇似的扭了下脖子，迅速将鸟喙刺入水中，但却错过了这队肃然行进的鱼群头领。这一扑吓得鲰鱼在慌乱中四散逃窜。雪鹭兴奋地拍打着翅膀，追着鲰鱼不停地变换着方向在池中滑行，双脚搅得原本清澈的池水也混浊起来。可惜它如此卖力，到头来也只捉到一条鱼。

雪鹭扑腾了一小时，到了这会儿，休憩的三趾鹬、矶鹬、鸻鸟已睡了三个小时。这时，一艘渔船擦着海滩来到沙洲尖端。两个渔民跳入水中，准备迎着上涨的潮水在浅滩拉开围网。雪鹭抬起头仔细留意渔民的响动。顺着池塘靠海湾一侧的海燕麦望去，只见一人沿着沙滩向入海口方向走去。雪鹭警铃大作，双脚猛地踩向池底的淤泥，借力振翅而飞，越过隆起的沙丘，直往一英里外雪松林间的群栖地去了。见有人过来，滨鸟四散而去。有些鸟儿在叽叽喳喳的叫嚷声中朝大海飞去；燕鸥乱作一团，匆忙冲向天空，像是上百张纸片漫天飞舞；三趾鹬结成一队，齐整整地盘旋转身，绕过沙洲尖端，沿着海滩飞到一英里外才落脚。

如风卷残云般飞散的鸟儿惊动了仍在捕食滩蚤的沙蟹，群鸟行色匆匆，在沙地上投下一团团快速移动的阴影。沙蟹离自己的洞穴已有段距离，眼见着渔民走过沙滩，它只得一头扎入海浪间，以为这是个比飞向空中更安全的去处。然而，一条体格庞大的巴斯鱼正在附近潜行，顷刻间它便吞掉了沙蟹。就在这天的晚些时候，巴斯鱼又成了鲨鱼的猎物，它的残躯随着潮水留在了海滩上。于是，海岸的清道夫沙蚤一拥而上，它们饱餐一顿，将巴斯鱼的残骸分食得干干净净。

* * *

黄昏时分，三趾鹬再次回到位于沙洲尖端的船滩休憩。附近杓鹬轻柔地拍打着翅膀，它们刚飞越盐沼，打算整晚都在此地栖息。空中至少有几千只杓鹬。如此多的大型水鸟同时在天空飞舞，不时发出陌生的响声，这让小银条有些不安，只得紧紧蜷缩在年长一些的同伴身旁。天擦黑了，随后的一小时里，杓鹬结着长长的“V”字形队伍纷纷飞落，望过去黑压压的一片。这种长着棕褐色羽毛和镰刀形鸟喙的大型鸟类每年北迁时都会在船滩停落，靠泥滩和沼泽中的招潮蟹补充能量。

一投石远处，有一群小小的招潮蟹，它们不过人类的拇指盖长，此刻正爬过海滩。蟹脚爬行时，声音微弱得像风吹起沙粒，就连站在鸟群最外边的小银条也没留意到它们。小螃蟹滑入浅滩，把身体浸在凉爽的海水里，享受泡澡的乐趣。它们刚经历了充满危险和恐惧的一天，因为成群的杓鹬飞来，占领了大片沼泽。每每看见杓鹬晃动的黑影俯冲到沼泽间或是沿着水边走过时，招潮蟹都吓得四散逃窜，溃不成军。于是，上百只蟹脚匆忙地划过沙子，发出的声音像翻动一张张硬纸板簌簌作响。招潮蟹想尽办法钻进蟹洞——不管是自己的还是同伴的——只要它们赶得及爬进去。然而那又深又倾斜的蟹洞也并非安全的庇护所，因为杓鹬有弧度的鸟喙可以深深地刺入洞中。

此刻，沉浸在美妙的暮色中，招潮蟹向低处的潮水线爬去，打算在退潮留下的枯枝败叶间觅食。它们舞动着匙状的蟹脚拨开沙粒，寻找水藻间的微生物来果腹。

涉水的招潮蟹都是雌蟹，蟹卵就藏在圆润的腹脐下方。抱卵蟹大腹便便，走起路来格外笨重，遇到天敌根本无从逃脱，所以它们白天一直藏在蟹洞里不敢出来。现在，雌蟹在水中自由地左摇右摆，想要卸下沉重的负担。抱卵蟹本能地让空气流向腹部，在那里蟹卵紧紧贴着母体，像一串串极小的紫红色葡萄。尽管产卵季还早，但有些蟹卵已经变成灰黑色，预示着它们准备好降生了。对于这些雌蟹来说，夜晚的沐浴仪式正是产卵的时机。它们每动一下，就有卵壳爆开，随后蟹卵倾泻而出。海湾安静的浅滩上，鲻鱼正啃食贝壳间的水藻，但即使是它们也很难注意到这么一大群小生命正漂流而过，因为这些刚从狭窄的卵壳中挣脱出来的幼蟹实在太小了，它们能从针眼那么大的缝隙间游过。

退去的潮水将大群幼蟹带到海里，它们再顺着入海口的水流越漂越远。等黎明的第一缕阳光静静地洒向水面时，幼蟹会发现自己早已来到开阔的海上世界。它们孤身处于危机四伏的环境中，只能靠与生俱来的求生本能保命。然而很多小蟹的旅程都以失败告终。那些幸存的螃蟹在经历了数周的海上探险后终将在某个遥远的海岸落脚——那里既有潮水为它们带来丰饶的美食，也有茂密的沼泽水草可作栖息的港湾。

* * *

月光洒向水面，好似留下一条银白色的水中小路，但夜晚并不安静。入海口一带，剪嘴鸥相互追逐，发出嘈杂的叫声。三趾鹬很熟悉这种撇水鸟，它们常在南美洲碰面。剪嘴鸥有时会飞往遥远的委内瑞拉或哥伦比亚一带过冬，但作为热带鸟类，它们自然对许多滨鸟的目的地——北方的冰雪世界一无所知。

漫漫长夜，空中不时传来哈得孙杓鹬的叫声，此时正是它们向北迁徙的高峰。杓鹬原本在海滩上睡着，但此地嘈杂，它们总是受到其他鸟类的惊扰，这才回以哀怨的鸟鸣。

今夜月圆，潮水大涨。海潮漫过沼泽，拍打着渔人码头上的木板，渔船纷纷拉紧了锚链。

柔和的月色洒向大海，海面泛起点点银光。这抹光亮引得鱿鱼心驰神往，也游向水面。它们逐水漂流，凝视着今夜的满月，轻轻地吸入海水再将水喷射出来，靠水流的力量后退，离月亮越来越远。像是被月色迷惑了心神，鱿鱼竟没发觉自己已经来到危险地带，直到岸边的沙粒狠狠划过身体时，它们才反应过来。可惜太迟了，鱿鱼已经搁浅。可怜的它们拼命喷水，试图离开被搁浅的地方，然而无济于事，将它们带来此处的潮水已然远去了。

第二天一早，三趾鹬伴着第一缕晨光飞向碎浪带捕食。它们看见昨夜搁浅的鱿鱼散落在入海口一带的沙滩上，但三趾鹬却并未在此地久留。尽管天刚刚亮，但这里已经聚集了许多大型水鸟，它们正为了鱿鱼你争我夺。群鸟中有常年往返于墨西哥湾海岸和新斯科舍半岛间的银鸥。受暴风雨的影响，银鸥的行程被耽搁了太久，此刻它们饿极了。还有十几只黑头笑鸥正在沙滩上方盘旋鸣叫，低垂着双腿想要飞落捕食。银鸥见状朝它们猛叫不止，用鸟喙狠戳过去，将笑鸥赶开了。

正午时分，潮水大涨，狂风卷着乌云从海面汹涌而来。湿地间成排的水草摇曳生姿，风吹得草尖直触水面。潮水涨到四分之一处时，湿地水位就已经很深了。强风推着春潮不断上涌，连散落在海湾各处的浅滩——那是海鸥最爱的栖息地——都被潮水淹没了。

三趾鹬和其他滨鸟一起，躲在沙丘朝陆地一侧的斜坡下方。那里长满了滨草[1]，可以为群鸟提供遮蔽。从这个避风港望出去，可以看到成群的银鸥正乌泱泱地飞过一片植被茂盛的

① 又名美洲沙芳草。——编者注

碧绿沼泽。鸥群不断地变换队形和方向，一旦领头的银鸥稍一犹豫，后面的便追赶上来。它们总算找到一片沙地落脚——潮水已淹没了沙地的大部分，现在只剩下早晨的十分之一大小。海潮还在上涨。银鸥继续盘旋，不断地拍打翅膀发出叫喊。在一块布满牡蛎壳的礁石上方，水已经能没过它们的颈部了。鸥群不得已调转方向，逆风而飞，最终来到离三趾鹬鸟群不远处的沙丘，在这里躲避狂风大浪。

暴风雨一时困住了迁徙而来的鸟群。浪太大了，鸟儿无法捕食，只能在原地等待。避风港之外的海面已是疾风骤雨。海滩上有两只小鸟，在风雨中晕头转向，一次次摔倒，又蹒跚地站起来，毕竟陆地对它们而言是个陌生的领域。一年之中，这种鸟仅在育雏时短暂地光顾过南极的几座小岛，其他时间都在空中或海面翱翔。它们就是威尔逊海燕，也叫“海神之鸟”[①]，先前乘着风暴从数英里外的海面飞来这里。下午，一只长着细长翅膀、鹰嘴形状鸟喙的深棕色鸟儿飞过沙丘上方，又穿越海湾。见它来了，墨爪和许多滨鸟都惊恐地伏低身体，认

① 此处指威尔逊风暴海燕，它们速度极快，抗风能力强，能在风暴中飞行。早在18、19世纪，水手俚语称其为“海神之鸟”（Mother Carey's chickens）。传说“海神”（Mother Carey）是一个超自然人物，掌管着海上的极端天气，后来此形象泛指天气恶劣。——译者注

出那是自古以来的天敌猎鸥，它们常常在北方的繁育地挑起灾祸。猎鸥和威尔逊海燕一样，也是乘风踏浪而来的。

日落之前，天色放晴，风也小了。趁着天还没黑，三趾鹬鸟群从这片离岸沙洲飞走，准备跨越海湾。顺着它们在入海口上方盘旋的身影望去，水道宛如一条墨绿色的丝带，蜿蜒着穿过两侧点缀的浅滩。鸟群沿着水道，在倾斜的红色圆柱形浮标间穿行，踏破激浪和漩涡，飞越布满牡蛎壳的暗礁，最终来到了海岛。这里已有几百只白腰滨鹬、小滨鹬和环颈鸻在沙滩上休憩。

潮水渐渐退去，三趾鹬先是在海滩上觅食，后来不到黄昏便睡下了，而那时剪嘴鸥刚刚飞来岛上。三趾鹬沉睡了一夜，夜里沿海岸捕食的水鸟纷纷动身，赶往北边的栖息地。暴风雨刚过，空气格外清新，西南风徐徐吹来。夜空中不断传来杓鹬、鸻鸟、细嘴滨鹬的叫声，夹杂着矶鹬、翻石鹬、黄脚鹬的吟唱。岛上栖息的嘲鸫竖着耳朵听了整晚。明天，它们将用新学会的鸟鸣高歌一曲，歌声连绵轻佻，正适合取悦配偶，歌者也自得其乐。

黎明前约一小时，三趾鹬在岛屿沙滩上集结成群，整装待发。在它们脚下，温和的潮水抚过成排的贝壳。三趾鹬满布棕色花斑的身影逐渐隐匿于茫茫夜色中，离海岛越来越远，一路向北去了。

第3章　北极之约

三趾鹬初到荒凉的冻土边缘时，寒冬还笼罩在北地之上。它们选在一片海湾沿岸落脚，那里的地形仿若一只跳跃的海豚，三趾鹬是第一批来客。积雪覆盖着群山，融化后便漂向溪流河谷的深处。海湾还结着冰，岸边也堆着锯齿形边缘的绿色冰块，随潮水移动、融化、窸窣作响。

白昼渐长，充足的日照之下，南坡的冰雪慢慢消融。风吹过山脊，雪层变得更薄了，露出棕色的土地和银灰色的驯鹿地衣。开春以来，驯鹿第一次无须用尖蹄翻开积雪也能啃食到地衣。正午时分，白色猫头鹰来到冻原之上，它边飞过岩石间的水潭，边注视着自己在水中的倩影。午后，潭水不再光洁如镜，表面已结了一层霜。

到了这个时节，雷鸟颈部长出锈红色的羽毛，洁白如雪的狐狸和鼬鼠身上也掺杂了棕色；雪鹀一天天长大，欢实地四处跳跃；温暖的阳光下，柳树抽出新芽，春意正在复苏。

然而，喜爱暖阳和碧波的鸟儿却找不到东西吃。矮小的柳树附近有几块冰碛岩挡住了西北风，可怜的三趾鹬正躲在那儿瑟瑟缩缩，只能先吃些虎耳草的新芽果腹。待冰雪消融后，北极之春才会焕发勃勃生机。

冬天还未走远。三趾鹬抵达北极的第二日正赶上回寒，阴沉的天空隐约透着微光。层云蔽日，笼罩在冻原上方，昏暗的天色预示着风雪即将来临。风从海面吹来，掠过冰川，透着刺骨的寒意，在所经之处留下一层薄雾，之后与地面上方稍暖些的空气交汇形成涡旋。

“屋芬古”是一只旅鼠，昨天它还和同伴一起躺在光秃秃的岩石上晒太阳，现在正匆忙地返回鼠洞。鼠洞藏在厚实坚硬的冰雪之下，屋芬古沿着洞中蜿蜒的小路跑进深处铺满干草的小窝，在那里哪怕是隆冬时节也温暖如春。黄昏时分，一只白狐举着爪子，守在鼠洞洞口。四周一片寂静，白狐敏锐的耳朵捕捉到下方正有一阵脚步声经过。这个春天，它已经无数次刨开积雪捕获洞中的旅鼠。这只白狐刚在一小时前捕食了一只在柳林间啄食嫩枝的雷鸟，此刻还不饿，所以它只是翻开鼠洞上方薄薄的一层积雪，同时发出刺耳的叫声。今天，狐狸选择按兵不动，或许它只想确认上次造访后，鼬鼠还没闯进这里，鼠洞仍然完好。随后，白狐转身离开了，它迈着无声的脚步跑过同伴们常常出入的小路，甚至没有瞥一眼挤在冰碛背风处的三趾鹬。白狐翻过小山坡，径直走向远处的山脊——三十只雪白的小狐狸已经在那里安家。

晚间，太阳早已落下，躲在不知哪片乌云的背后，雪终于来了。很快，狂风大作，如同冰冷的洪水倾泻在整片冻原之上。寒风刺骨，能穿透所有飞禽走兽的皮毛。风呼号着从海面吹来，薄雾早已在荒原上散去，但上空携雪而来的云层比先前的雾气更白更厚重了。

雌性幼鸟小银条自上一次离开北极，已经近十个月没有见过大雪了。它随着太阳南下，最远去到阿根廷的草原和巴塔哥尼亚沿岸。一路上鸟儿大多沐浴在阳光下，穿行于宽阔的白沙滩和连绵的碧绿水草间，现在却只能蜷缩在矮小的柳树旁。尽管小银条离墨爪不过二十步远，但茫茫大雪挡住了鸟儿的视线，它甚至看不见同伴。滨鸟在风中总是迎风而立，此刻三趾鹬也面朝暴风雪。它们紧紧围成一团，羽翼相连，蜷缩着身体，以体温来保护柔软的双脚不被冻伤。

要不是雪下了一夜又持续了次日整天，这片土地上的伤亡会少一些。夜里，皑皑白雪一寸寸填满了河谷，厚实而柔软地覆盖在山脊上。从散落着碎冰的大海边缘，到南面冻原与森林的分界线，大雪铺天盖地。山峦不再连绵起伏、常年受冰雪侵蚀的河道也不再蜿蜒深邃，一个奇异的雪后世界呈现在眼前——山、水、万物都那么平坦、雪白。直到第二天傍晚，天边飘过紫红色的云霞，雪才小了下来。风吹了一整夜，冻原上除了呼啸的风声，万籁俱寂，任哪种动物也不敢在这时出来。

大雪终结了许多小生命。离三趾鹬躲避风雪的柳树丛不远的地方，两只雪鸮在横亘山腰的河谷间筑巢，雌鸮一周多以来都留在这里孵化它的六颗卵。暴风雪来临的第一晚，鸟巢四周就堆起厚厚的积雪，只在雌鸮端坐的地方留下一个河床壶穴似的、圆形的凹坑。雌鸮彻夜守在巢中，用庞大的身躯和厚实的翅膀给身下的卵提供热源。第二天一早，雪漫过它长着羽毛的爪子，在身旁越堆越高。纵使隔着羽毛，雌鸮还是冻僵了。到了中午，仍是大雪纷飞，雪花棉絮似的飘落，雌鸮只剩下脖子和肩膀还露在外面勉强能动。当天，一抹巨大、洁白又静默的身影在山脊附近反复出没，像雪片一样在雌鸮巢穴上空盘旋。那是雄鸮“乌克匹”，现在它正用低沉、嘶哑的吼声呼唤伴侣。雌鸮听见后，抖了抖它被严寒冻得麻木的翅膀，花了几分钟才挣扎着从雪中爬起，跌跌撞撞地翻过被大雪包围的鸟巢。乌克匹朝伴侣咯咯叫了几声，那叫声通常意味着它带着旅鼠或雷鸟幼鸟满载而归，但这次不是。自暴风雪袭来，两只雪鸮都还没吃过东西。雌鸮试着飞翔，但它被大雪冻得僵硬沉重的身体笨拙地跌了下来。直到肌肉中的血液循环慢慢恢复，它才成功起飞，和雄鸮结伴而行。它们掠过三趾鹬的避风港，穿越整片苔原，向更远处去了。

雌鸮一走，雪花径直飘落在余温尚存的鸮卵上。到了夜里，严寒刺骨，卵壳下的胚胎渐渐凋零——血管下方深红色的血流正在减速，卵黄中的养分难以输送到胚胎；本该生长、分裂、发育出骨骼、肌肉和肌腱的细胞活动越来越慢，直到完全停歇；胚胎期鸟儿硕大的头部下方那颗红色的小心脏渐渐无力，偶尔抽动一下，最终彻底归于静止。就这样，六只未孵化的雏鸟全部死于这场大雪。当然，倘若六只小雪鸮破壳而出，将有几百只未出生的旅鼠、雷鸟、北极野兔难逃其口，因而雪鸮之死或许给许多动物提供了生机。

河谷上游深处，暴风雪掩埋了几只雷鸟，它们原打算在那过夜。风雪来临那晚，雷鸟飞越山脊，落在柔软的雪堆上，脚上的羽毛正好掩盖了足迹，这样连狐狸也追查不到它们的踪影。自然界常常如此，弱者与强者博弈时，自有它们的办法。但今晚，这些把戏都不重要了。因为大雪会覆盖所有的脚印，哪怕是最机敏的猎手也无法和风雪抗衡。雪花缓缓飘落，在狐狸到来之前，就无声地埋葬了沉睡中的雷鸟。这么深的积雪，鸟儿根本无从逃脱。

三趾鹬鸟群中，有五只小鸟没能挨过暴风雪。雪鹀也元气大伤，它们在雪地上跌跌撞撞，飞落时虚弱得连站也站不稳。

大雪过后，饥饿在荒原上肆虐。雷鸟赖以为生的柳树大多被埋在雪下。雪鹀和铁爪鹀本来可以靠去年生长的杂草充饥，干枯的草尖已经结籽，但现在草籽却被冰晶牢牢裹住。旅鼠在洞中安身保命，于是狐狸和鸮便没了食物。大地一片死寂，滨鸟找不到贝壳、小鱼、昆虫或是任何一种水边生物果腹。终于，饥饿的动物等来了雪后短暂的、灰蒙蒙的北极之夜，无论飞禽走兽全都出发捕猎。很快天光大亮，雪地上仍有捕食者寻寻觅觅的身影，苔原上空的鸟儿还在振翅徘徊，显然昨夜的收获不足以填饱肚子。

雪鸮乌克匹也在捕食的队伍中。每个冬天最寒冷的那几个月，千里冰封，乌克匹都会飞越几百英里来到这片荒原的南端，那里更容易捕获小巧的灰色旅鼠，它们正是乌克匹的最爱。乌克匹也曾顶着暴风雪来到这里，在广袤的平原上空巡视，沿着俯瞰大海的山脊翱翔，但那时万籁俱寂，它一无所获。直到今天，乌克匹总算在苔原上看见了动物的踪影。

沿着河谷的东岸，一群雷鸟发现几截柳树嫩枝从厚厚的积雪间钻了出来。柳树还在生长期，柳枝大致有驯鹿鹿角那么高，原本挺立在光秃秃的大地上，现在周围堆满了雪。于是，雷鸟可以轻松够到顶端的柳枝，再用鸟喙啄断枝丫，心满意足地美餐一顿。群鸟静候春深，那时大地上会长出更多柔嫩的新芽。多数雷鸟身披雪白的冬羽，只有一两只雄鸟长出几根棕色的羽毛，预示着夏日交配季就要来临。雷鸟在皑皑白雪间觅食时，除了乌黑的鸟喙、明亮的眼睛以及飞翔时外露的尾羽，几乎与四周融为一体。即便是它们自古以来的天敌狐狸和鸮，隔着一段距离也分辨不出。当然，此时捕食鸟儿的猎手身上也披着冬日的保护色。

乌克匹正沿河向高处飞去，它发现河谷间有什么又黑又亮的东西在滴溜溜地转动——那是雷鸟的眼睛。乌克匹慢慢靠近，洁白的身影与白茫茫的天空融为一体；猎物还在雪地上移动，丝毫没有察觉到危险。只听乌克匹的翅膀发出嘶嘶轻响，瞬间，雷鸟的羽毛已飘散空中，在地上留下一摊血迹，鲜红得像刚产下的鸟蛋上湿漉漉的壳色素。乌克匹用爪子紧攥猎物，飞越山脊，来到它筑在高处的哨岗，雌鸮正在那里等它。接着，两只雪鸮用利嘴撕碎还有余温的小鸟，带着羽毛和骨头囫囵吞下——它们的进食方式一直如此——晚些时候再将不能消化的部分吐出来。

小银条第一次饱尝饥饿之苦。一周前，它还和同伴聚集在哈得孙湾宽阔的浅滩上享用贝类生物。再早些时候，群鸟曾在新英格兰海岸饱食沙蚤，也曾在南部海滩享受鼹蟹盛宴。从巴塔哥尼亚到北极的八千英里漫漫长路上，三趾鹬从来没有饿过肚子。

年长一些的三趾鹬对待眼下的困境要耐心许多。等到退潮时分，它们引着小银条和其他年轻的小鸟来到陆地边缘，那里堆满了形状不规则的冰块和冰碴。上一波潮水带走了破碎的浮冰，留下光秃秃的泥滩。几百只鸟已经聚集在这里，它们都是第一批来到北极又熬过暴风雪的幸存者。先来的鸟儿密密麻麻地挤满了泥滩，三趾鹬几乎找不到地方落脚。地表布满鸟喙啄出的小洞，三趾鹬也跟着翻掘坚硬的泥土，却只找到几个圆圈形状、蜗牛似的空壳。小银条又跟随墨爪和另外两只满一岁的同伴，飞到一英里以外的上游，但那里的冰雪覆盖了整片海滩，什么食物也没有。

在三趾鹬正穿行于冰天雪地间苦于收获甚少时，乌鸦“图鲁卡”从容不迫地挥着翅膀掠过它们头顶，向海岸上游飞去。

“呱——啊——啊——咳！呱——啊——啊——咳！”乌鸦嘶哑地叫道。

为了觅食，图鲁卡已经沿着海滩和附近的苔原巡视了数英里。那些它所熟识并且几个月来赖以生存的动物残躯要么被大雪覆盖，要么随海湾的浮冰漂远了。终于，它找到一摊碎肉，那是早上群狼捕获的驯鹿残躯，图鲁卡忙邀请同伴共赴盛宴。另一边，三只墨黑的乌鸦，包括图鲁卡的配偶，正轻快地围着冰面下的鲸鱼残骸飞上飞下。这头鲸数月前就被冲到海岸上，几乎为常年生活在海湾附近的乌鸦提供了一整个冬天的食物。直到最近，暴风雪在海面吹开一条裂痕，于是大块浮冰卷着鲸的残躯漂向大海，最后整条鲸都被冰面吞没了。听到图鲁卡的呼唤，三只乌鸦一跃而起，跟着它穿越苔原，在驯鹿骨头上捡拾所剩不多的碎肉。

* * *

次日夜晚，风向转了，北地渐暖。

积雪一天天融化，原本银装素裹的大地露出不规则的小洞，棕色的是裸露的泥土，绿色的是还未化开的池塘。山上的积雪融化，淌过涓涓细流，汇聚成小溪，小溪又集水成河，最终奔腾入海。含盐的冰块化为水，将河道侵蚀得更加崎岖深邃，又沿着河布下一汪汪池塘水潭。清澈凛冽的湖水漫溢出来，新生命正在水中孕育。大蚊和蜉蝣搅动着泥泞的湖底，无数属于北地的孑孓正待孵化。

冰雪消融，淹没了低处的土地，冲毁了旅鼠的家园。北极大地之下，鼠洞遍布，连通洞穴的地道纵横交错，足有几百英里。对旅鼠而言，即使寒冬里风雪肆虐，地下的僻静小道和铺满干草的舒适小窝也是它们的安身之所。但现在这里已无力抵挡打着旋奔腾而下的雪水。于是旅鼠纷纷逃了出来，跑到高处的岩石或铺满沙砾的山脊上享受日光浴，太阳照在它们圆滚滚、灰扑扑的身体上，先前洪水滔天的噩梦转眼便被抛诸脑后。

现在每天都有数百只鸟儿从南方迁徙而来。苔原上不再只有雄鸮的闷声啼鸣和狐狸的吠叫，杓鹬、鸻、细嘴滨鹬、燕鸥、海鸥、野鸭的叫声响彻大地。空中不时传来长腿矶鹬粗哑的吼声，夹杂着红背鹞的清脆吟唱。白腹滨鹬喋喋不休地鸣叫，嗓音尖锐，让人仿佛置身春日傍晚蛙鸣四起的新英格兰。

随着积雪融化，大地慢慢露出它本来的颜色。三趾鹬、鸻、翻石鹬聚集在裸露的土层上，那里能找到丰富的食物。只有细嘴滨鹬在还未化开的沼泽和堆满积雪的低地附近徘徊。莎草和杂草结出干枯的草籽，从雪地里钻出来在风中沙沙作响，飘落地面正好可作滨鹬的美食。

三趾鹬和细嘴滨鹬大多已飞往北冰洋远处散落的海岛，并在岛上筑巢和繁育后代。另有一小部分三趾鹬，包括小银条和墨爪，则留在了这片形如海豚跃起的海湾。和它们一起留下的还有翻石鹬、鸻以及许多其他种类的滨鸟。数百只燕鸥正准备在附近的岛屿上筑巢，那里可以躲避狐狸的威胁。大部分海鸥则退到更深处的内陆湖岸，夏天时散落的小块湖泊装点着这一带的平原。

小银条适时地接受了墨爪作为它的伴侣，它们双双来到一片布满砂石、可以俯瞰大海的高地上。苔藓和柔软的灰色地衣覆盖在岩石表面，它们是这片饱经风雪的开阔土地上第一批长出的植物。高地上稀稀疏疏地长着几株矮小的柳树，枝头缀满新芽，连柳絮都已饱满成熟。丛丛绿叶间，野生水苏开出了白色的小花，花朵遥遥望向太阳。山坡南侧的池塘里蓄满了融化的雪水，雪水又顺着一条古老的河道流向大海。

最近，墨爪愈发好斗了，它会和踏上自己领地的每一只雄鸟狠狠打上一架。胜利后，墨爪舞弄着羽毛在小银条面前炫耀。小银条安静地看着，只见它的伴侣跃向空中，振翅盘旋，不时发出嘶吼般的鸟鸣。墨爪最喜欢在黄昏演出它的好戏，那时东面的山坡正好笼罩在一片紫红色的光影间。

小银条选择在一簇水苏的边缘筑巢。它一圈圈地转身，用身体转出一个浅浅的凹坑。接着它往返于鸟巢和一棵伏地生长的柳树间，每次从树上衔回一片去年生的枯叶铺于巢中，再混杂些小块地衣。很快，小银条的四枚蛋已安然躺在柳叶间。从现在起，它要开始漫长的守护，确保家园不被苔原上的任何动物发现。

小银条独自守护四枚蛋的第一晚，阵阵尖锐的叫声划破黑夜，这还是今年苔原上第一次出现这种声音。借着晨光，小银条看清了那是两只翅膀和身体都呈深色的鸟儿在低空穿行。这两只新客是猎鸥，属鸥形目，它们掠夺和击杀猎物时像鹰一样凶猛。从猎鸥到来那天起，它们的鸣叫——仿若一种怪异的笑声——便彻夜在荒原大地上回荡。

每天都有越来越多的猎鸥飞来苔原。它们有些来自北大西洋的渔场，以抢夺海鸥和剪水鹱捕获的鱼儿为食；另一些则来自北半球温暖的海域。这些猎鸥最终成为整片大地的祸端。猎鸥孤身行动，有时也三两成群，拍打着翅膀在开阔处来回巡视，若是遇上落单的矶鹬、鸻鸟、瓣蹼鹬，捕食便轻而易举，毕竟这些猎物本就弱小。它们会在野草遍布的宽阔泥沼间猛然冲向正觅食的鸟群，穷追不舍之下，总有鸟儿掉队继而落入猎鸥之口。它们还在海湾滩头出没，无休止地纠缠海鸥，迫使海鸥吐出刚捕获的鱼。岩石缝隙和成堆的石块间也能看到猎鸥的身影，它们会出其不意地给正在地洞洞口晒太阳的旅鼠或者孵蛋的雪鹀致命一击。猎鸥常选在岩石密布的高地或山脊栖息，那里能够眺望连绵起伏的苔原，俯瞰斑驳陆离的大地。地上苔藓地衣和砂砾页岩明暗交错，鸟儿布满斑痕的鸟蛋毫无遮掩地散落其间。但因为隔着一段距离，即使再敏锐的眼睛也无从分辨。若非筑巢的鸟儿或觅食的旅鼠突然移动，这些身披苔原保护色的小生命就不会被猎鸥发现。

现在，苔原一天中有二十小时都沐浴在阳光下，余下的四小时则沉睡在柔和的暮色间。北地的柳树、虎耳草、野生水苏、岩高兰争先恐后地长出新叶，从而吸收更多阳光。在接下来短短几周的艳阳天里，这些植物要完成一季的生长繁殖。只有这样，藏在最里面的种子才能熬过夏日过后的寒冬极夜，延续生命。

很快，苔原漫山遍野的鲜花怒放。先是仙女木开出白色的杯形花，跟着是紫色的虎耳草，接下来是成簇的黄色金凤花，蜜蜂在黄澄澄的花瓣间穿行，闯入沉甸甸的花粉囊，沾了满身花粉又飞走了。苔原散发出愉悦轻快的气息，有几抹鲜艳的蝴蝶身影晃过，寒风或阴天时它们躲在柳树丛间，现在午间阳光正强，便有了彩蝶纷飞的景象。

温带地区，鸟儿常伴着落日余晖或黎明晨光唱响甜美的歌曲。但在北极荒原，六月的太阳只短暂地消失于地平线尽头很快便又升起了，朦胧的暮色下，夜晚的每一个小时都属于歌唱，铁爪鹀轻快的歌声和角百灵的啼鸣不绝于耳。

六月的一天，一对瓣蹼鹬游来三趾鹬栖息的池塘，软木塞一样轻盈地漂浮于光滑的池水上。它们不时拍打着蹼足绕圈搅动池水，再一次次用形如长针的鸟喙衔起被翻向水面的昆虫。瓣蹼鹬冬天时曾跟着鲸鱼和可供鲸鱼捕食的鱼群一路去往遥远的南部开阔海域；后来在北迁途中，它们也尽量避开陆地，沿海飞行。如今瓣蹼鹬把巢筑在南侧山脊上，那里距离三趾鹬的栖息地并不远。像苔原上的大多数鸟儿那样，瓣蹼鹬也用柳叶和柳絮铺满鸟巢。之后，雄鸟便接管了鸟巢，端坐巢中用身体温暖鸟蛋，直到十八天后雏鸟孵化[①]。

白天，一阵“咕——啊——兮，咕——啊——兮”的鸟鸣声传来，如长笛般婉转悠扬，原来是细嘴滨鹬从山坡上飞来，它们的巢穴就藏在高地上几簇褐色、卷边的极地莎草和仙女木的叶片之间。每到傍晚，小银条都会看见一只独行的细嘴滨鹬忽高忽低地翱翔于静默的空中，飞越山坡上低矮的土丘。那是滨鹬“卡努特”，它的歌声越过山丘传到数英里外的同伴耳中，在泥沼一带栖息的翻石鹬和矶鹬也能听见。在众多听众中，回应卡努特最积极的当属它体形娇小、长着斑点的配偶，此时雌鸟正在低处的巢穴中孵化它们的四枚蛋。

接下来的繁殖季里，苔原悄无声息。鸟儿正忙着孵蛋或喂养雏鸟，还要确保新生的小鸟不被天敌发现。

小银条的孵化之旅开始于一个月圆之夜。在那之后月亮从圆到缺，如今一道弯弯的月牙又挂在天边，此时潮水也变得温和轻柔。一日清晨，滨鸟循着落潮聚集在泥沼上捕食，却未见小银条的身影。原来是藏在小银条翅膀下的鸟蛋动了整晚，

---

① 与多数鸟类不同，瓣蹼鹬雌鸟在产卵后便飞离鸟巢，由雄鸟负责孵化和喂养雏鸟。雌鸟通常比雄鸟华丽，寻找配偶时也由雌鸟发起攻势，与其他同性争夺配偶。——译者注

现在蛋壳表面已经出现裂缝。经过二十三天的孵育，雏鸟终于要破壳而出了。小银条凑着头贴向鸟蛋，侧耳倾听里面的响动，也不时稍稍缩起头，以便仔细观察蛋壳的变化。

距离小银条巢穴不远处的山脊上，一只拉普兰铁爪鹀正在歌唱，歌声清脆，音节颇多。它一边唱着，一边一次次跃向高空，再挥舞着翅膀俯冲到草地上。这只小鸟的巢穴筑在瓣蹼鹬戏水的池塘边缘，里面铺满羽毛，雌鸟正在孵化六枚鸟蛋。铁爪鹀正尽情享受正午明亮温暖的阳光，丝毫没有注意到一抹阴影遮蔽了它的头顶——一只名叫“奇加维”的矛隼从天而降。小银条既没听见铁爪鹀唱歌，也没留意歌声何时戛然而止，甚至连一片羽毛飘落身旁也没引起它的警觉。因为此刻它正全神贯注地盯着鸟蛋，其中一枚已经出现了破洞。小银条耳边响起很轻的、如同鼠叫的吱吱声，那是雏鸟的第一声啼鸣。等矛隼飞回它筑在北面临海的悬崖峭壁间的巢穴时，小银条的第一个孩子刚破壳而出，另有两枚鸟蛋上也出现了裂缝。

现在，小银条的心头萦绕着挥之不去的恐惧——任何动物都可能给弱小无助的雏鸟带来伤害。它对苔原上的一切都格外留心起来，一边用耳朵敏锐地捕捉到猎鸥在泥滩上驱赶滨鸟的叫喊声，一边用眼睛机警地察觉到矛隼雪白的翅膀从旁边闪过。

直到第四只雏鸟也破壳而出，小银条便将破碎的蛋壳一片片衔到远离鸟巢的地方，像它的无数先祖们那样，略施小计以逃脱乌鸦和狐狸的注意[1]。不管是眼神凌厉、从岩石间的鹰巢飞来的猎鹰，还是离开栖息地、前来捕食旅鼠的猎鸥都没有注意到这只娇小的、长有棕色斑点的行色匆匆的小鸟——它或是悄无声息地在水苏丛间穿行，或是紧贴着苔原上细长的草叶低飞。只有在莎草间跑进跑出或在鼠洞附近平坦的岩石上晒太阳的旅鼠才会注意到，一位新手妈妈来到了山坡另一侧的谷底。好在旅鼠生性温和，向来与三趾鹬相安无事。

春夜虽短，但小银条孵化四只雏鸟后，整夜都在辛勤劳作，直到日出东方，它终于将最后一片蛋壳藏在了山谷的碎石间。这时，一只北极狐悄然无声、脚步坚定地跑过一片页岩，从小银条的身旁经过。狐狸见到雌鸟妈妈，眼睛一亮，又嗅了嗅空气中的味道，确信雏鸟就在附近。小银条飞向河谷高处的柳树，只见北极狐正翻开蛋壳凑着鼻子细闻。眼见狐狸顺着河谷的斜坡向上跑去，小银条便扑动着翅膀冲了出来。它像是受了伤，跌跌撞撞地摔向地面，又起身拍着翅膀向砂石上爬去。

---

① 有的鸟儿的蛋壳外侧呈杂色有斑点，内侧更为白净。生物学家注意到，在旷野上白色的蛋壳会吸引捕食者前来，因此一些鸟儿会将孵化后的蛋壳衔出巢外，或者一片片翻过来确保杂色一面朝上，从而躲过天敌的袭击。——译者注

全程，小银条都发出雏鸟似的尖锐叫声。眼见狐狸冲了过来，小银条便一跃而起，沿着山脊最高处飞行，既和狐狸保持距离，又引得它紧追不舍。北极狐跟随小银条的脚步一步步翻越山坡，终于来到南面一处由奔腾的溪水汇聚而成的湿地。

狐狸跑过山坡时，守在鸟巢里的雄性瓣蹼鹬听见有“噗哩！噗哩！唏嘶——噫！唏嘶——噫！”的低吼声传来，那是在附近守护的雌鸟见到狐狸顺坡而上发出的警告。雄鸟闻声便悄悄离开巢穴，它早有准备，现下正沿着一条草叶茂盛的小路逃走，与等在水边的雌鸟会合。两只鸟涉水来到池塘中央，在水中焦急地打转，不时梳理羽毛，又将长长的鸟喙戳入水中假装捕食，直到四周不再弥漫着狐狸的麝香味，空气也变得清新，它们才停了下来。雄鸟的胸口有一处羽毛已经磨掉了，是抱卵太久的缘故，这也意味着雏鸟即将孵化。

等小银条把狐狸引到离雏鸟足够远的地方，它便来到海滩绕着泥沼飞翔，不时停在咸苦的潮水边缘，神色紧张地捕食。十几分钟后，它迅速飞回水苏丛间的鸟巢。四只雏鸟因刚破壳，绒毛还湿漉漉的，颜色看起来很深，但很快绒毛就会变干，透出浅黄、米沙和栗色相间的本色。

现在，天性告诉小银条，那铺满干燥的树叶和地衣、形状也贴合身体的凹巢对于雏鸟来说并不安全。在小银条看来，狐狸狡黠的目光、踏在岩石上无声的脚步、为寻找雏鸟的踪迹而嗅闻时翕动的鼻翼意味着危险四伏，看不见说不清又如影随形。

落日沉沉，现在只剩矛隼筑在悬崖峭壁上的巢穴还能照到阳光，小银条带着四只幼雏离巢而去，身影淹没在苔原灰茫茫的暮色中。

白天，小银条和雏鸟在砂石遍地的平原漫步；短暂寒凉的夜里，或赶上风雨大作，它便将孩子们护在它的羽翼之下。它领着雏鸟来到淡水湖边，水漫溢出来，潜鸟正扑腾着翅膀入水为幼鸟捕食。湖泊和上游湍急的溪流中藏着全新的食物，静待三趾鹬发现。很快，雏鸟学会了捕食昆虫以及在溪水间寻找虫卵。它们也学会了一听到母亲的警报就将身体紧紧贴向地面，一动不动地隐蔽在碎石间，直到母亲美妙、高声、意味着危险已经解除的鸟鸣传来，幼鸟便回到小银条身边。就这样，小三趾鹬一次次躲过猎鸥、雪鸮和狐狸的捕猎。

雏鸟出生的第七天，它们翅膀的三分之一已长出正羽，不过身体还为绒羽所覆盖。又过了四天，鸟儿的翅膀和两肩已满是正羽。等到两周大时，小三趾鹬便可以跟着母亲在湖泊间穿行了。

夕阳西沉，消失在地平线之下，灰茫茫的天色愈发深沉，夜晚变长了。雨水渐多，有时倾盆而下，有时细雨绵绵。已经到了花朵凋零的时节，种子里存满了淀粉和脂肪一类的营养物质，来滋养自身发育成珍贵的胚芽，以此延续母体的生命。如此，植物一夏的生长和繁衍便完成了。花瓣不必再明亮鲜艳，因为无须吸引蜜蜂传播授粉，于是飘落了；树木不必再伸展枝叶，因为无须靠阳光合成叶绿素进行光合作用，也不再鲜翠欲滴了；绿叶染上红色或黄色，接着片片凋零，最后茎也枯萎了。一切都在诉说着夏日将尽。

很快，鼬鼠身上长出了第一缕雪白的毛发，驯鹿的毛也蓄得更长。三趾鹬雄鸟自雏鸟孵化后，先是成群地聚集在淡水湖边，随后便出发向南迁徙了，墨爪也是南迁队伍中的一员。上千只新生的矶鹬围聚在海湾的泥沼地里，小鸟刚会飞，在平静的海面上时而跃向高处，时而俯冲落下，尽情享受飞翔的乐趣。细嘴滨鹬带着幼鸟从山坡飞来海岸，成年的鸟儿则一天天飞离北极。离小银条孵蛋地不远处的池塘边，三只幼年瓣蹼鹬正在岸边用蹼足戏水，捉些小虫来吃，它们的父母早已飞到几百英里以外的东面，准备跨越大海一路往南去了。

八月里的一天，小银条正在海岸边喂食长大了许多的幼鸟，海滩上还有其他三趾鹬同行。忽然，小银条和四十几只成年的同伴跃向空中，小小一队鸟群在海湾上空盘旋着绕了一大圈，空中不时闪过它们翅膀上的白色条纹，随后又飞了回来。

泥沼间，幼鸟正追逐着翻卷的细浪边缘捕食，成年的群鸟高声叫着飞越泥沼，掠过身下的幼鸟，便转头向南，离苔原而去了。

亲鸟[1]不必继续留在北极——它们已经筑好了鸟巢、全身心投入地孵化了鸟蛋、教会了雏鸟觅食和躲避天敌、让它们明白弱肉强食的生存法则。等鸟儿长大，强壮到能开启这段沿着海岸线跨越两块大陆的旅程时，它们会凭借血液里的记忆踏上迁徙之旅。与此同时，早已成年的三趾鹬感受到了南方温暖气候的召唤，它们要追随太阳离开了。

日落时分，小银条的四只幼鸟与二十来只同龄伙伴漫步来到一片内陆平原，平原面向大海的一侧有座山峰将它与海隔开，南面是高耸的群山。大地上碧草悠悠，其间镶嵌着更为柔软、颜色更深的湿地。小三趾鹬沿着一条蜿蜒的溪流来到这里，夜晚在溪水旁休憩。

三趾鹬耳旁一直回荡着沙沙的响声，像是温柔的喃喃低语，响声纷扰不肯停歇，让整片平原洋溢着生机。似有风吹过松树林，但这片光秃秃的土地上哪有大树？又似溪水淙淙漫溢出溪床，水流过石头，石块相互摩擦作响，但夏末的溪水第一

---

① 鸟类在孵化和育雏期间，相对于幼鸟，双亲被称为“亲鸟”。——编者注

次结了薄冰，又何来淙淙流淌的溪水？

原来，是许多双翅膀扑扇作响，是长满羽毛的群鸟在平原上低矮的植被间穿行，是鸟儿在喃喃低语——金鸻远道而来，现下云集此处。它们从广阔的海滩飞来，从形如海豚跳跃状的海湾飞来，从方圆数英里内所有的冻原和高地飞来。终于，这些腹部呈黑色、背上长着金色斑纹的鸻鸟抵达这片平原，集合到了一起。

夜色在苔原上蔓延，黑暗吞没了北极大地。地平线尽头仅余一团炽热的光芒，残阳似火，仿佛有风吹乱了它燃烧的灰烬。夜越深，金鸻越是欢欣鼓舞。随着新成员的到来，群鸟的热情持续升温，鸟鸣声愈发响亮，如风一般扫过平原的每一个角落。在金鸻连绵不绝的低吟浅唱中，不时传来鸟群首领战栗的高音。

午夜时分，金鸻启程了。第一批队伍大约有六十只鸟，它们跃向空中，在平原上方绕圈，待整顿好队形后，便向南面和东面飞去。随后结成小队的鸟儿纷纷出发，追随着头鸟疾驰而过，低飞掠过连绵起伏、犹如深紫色汪洋大海的苔原。鸟儿的每次振翅都如此有力、优雅、柔美，它们为这趟旅程积蓄了无尽的力量。

“嘁——噫——啊！嘁——噫——啊！”

尖声颤抖的鸟鸣清晰地划破夜空。

“嘁——噫——啊！嘁——噫——啊！”

这样的叫声传遍苔原，每只鸟儿听闻都有些局促不安。

今年出生的金鸻幼鸟此时正三五成群地在苔原上漫步，它们一定也听到了空中的啼鸣，但并不准备加入成年鸟儿的队伍。数周以后，幼鸟无须成年鸟儿陪伴或向导，将独自踏上南下的旅程。

金鸻启程已将近一小时，它们不再分成几个群落，而是浩浩荡荡结成长队。鸟群犹如气势恢宏的长河悬挂天边，队伍不断拉长，掠过荒原、飞过北地海湾的尖端，向南、向东而去。它们不停歇地飞翔，直到天色渐亮。

人们公认这是许多年来最大规模的金鸻迁徙。此地年纪最大、当时正在哈得孙湾西海岸一带布道的神父尼科莱说，这次迁徙让他想起了年轻时曾见识过的壮观场面，那时金鸻还没有被过度猎杀到像现在这么少。生活在哈得孙湾的因纽特人、捕猎者和禽鸟贩卖商都不愿错过这场盛况，他们举目望向清晨的天空，目送海湾上空最后一抹向东飞去的金鸻身影。

薄雾深处隐约可见拉布拉多半岛多砂石的海岸，岸边镶嵌着一簇簇缀着紫色果实的岩高兰，再往前就是新斯科舍半岛的沿海沼泽。从拉布拉多到新斯科舍，金鸻缓慢行进，途中吃些快要成熟的岩高兰浆果、甲虫、毛毛虫、贝类动物。这些食物能帮助鸟儿囤积脂肪，为接下来的漫长飞行积蓄能量。

金鸻全速前进的日子很快就会到来。到了那时，它们会跃入空中，一路往南，向雾气蒙蒙、海天相接的大地尽头飞去。鸟儿要飞越两千多英里才能完成从新斯科舍半岛到南美洲的迁徙旅程。途中，它们会贴着水面、沿着一条平直的航线快速飞行，目标明确、意志坚定。远处海上的渔民将有幸见证这样的场景。

或许一些鸟儿没法到达终点。它们中有些因为年老或体弱，掉队后便爬向幽静处等待死亡的降临；还有些会不幸被猎鸟人射中，这些人明知这样做违法，但仍沉迷于掠夺金鸻这些鲜活勇敢的小生命所带来的快感；或许也有小鸟因为体力不支而跌入大海。但鸟儿对这些可能的失败和灾难浑不在意，它们唱着甜美的歌翱翔空中，离北方越来越远。金鸻的身体中又一次迸发出对迁徙的狂热追寻，这份狂热超越了它们在其他方面的所有渴望和激情。

第4章　夏日终章

三趾鹬再次来到陆地尖端那块叫作船滩的海滩时，已是九月。它们此时身披雪白的冬羽，在海滩上或是追逐或是循着退潮捕食鼹蟹。三趾鹬自离开北极苔原后，一路走走停停，它们曾在哈得孙湾和詹姆斯湾广阔无垠的泥沼上捕食，也曾在新英格兰以南的众多海滩上短暂停留。秋季南迁途中，鸟儿们从容不迫，已过了春迁时要和其他鸟类争个先后的劲头。伴随着秋风和暖阳，群鸟南下，队伍有时因增添了来自北方的新成员而壮大，有时又因有的鸟找到了往年的过冬地便停留下来而减员。迁徙鸟群中只有一小部分能够坚持飞到南美洲的最南端。

滨鸟踏上返程，又一次在翻起泡沫的海浪边缘跃动；杓鹬啼鸣，穿越昔日的盐沼上空。许多景象都在诉说夏日将逝。九月，生活在这片海湾的鳗鱼会顺流游入海中。它们来自上游山坡和高山草地间的河流，来自柏树沼泽——那里也是多条黑水河的源头——穿越分了六层的阶梯式潮汐平原，最终来到海边，在河口及海湾与未来的伴侣会合。很快，雌性鳗鱼会身披银白色的嫁衣，跟随退潮入海，直到有一天发现自己已迷失于大洋中央的漆黑海渊。

春季，西鲱雌鱼曾洄游来到河流和溪水间产卵；到了九月，长大的幼鱼又沿河游向大海。一开始，因下方河口宽阔，河水流速缓慢，幼鱼不慌不忙地随水而动；但很快，秋雨连绵，风也转向了，河水越来越凉，这群还没有成人手指长的小西鲱便加速游向更加温暖的大海。

到了九月，赶在夏末出生的最后一波小虾从远海经入海口来到这片海湾。它们与秋季洄游的鱼类反向而行，沿着几周前刚有前辈们走过的路线悄然而至。这段上溯之旅没人目睹也很难描绘。早在春夏时节，许多年满一岁的成年虾便从近海水域溜走，穿越大陆架，顺着海底峡谷蓝色的斜坡游往深处。成年虾一旦出发便不再回头，但它们产下的幼虾在经历了数周的海洋生活后，会随着潮水来到更加安全的内陆水域。夏秋两季，幼虾顺涨潮来到海湾和河口，寻找足够温暖、咸度适中、滩底泥泞的浅滩。这样的栖息地既能提供丰富的美食，又因鳗藻丛生而成为躲避饥饿的捕食者的庇护所。幼虾长得很快，稍大些后便再次投身于更加咸苦、水流起伏更加深沉的大海里。就这样，一边是最后一批新生的小虾被九月的涨潮带来入海口，另一边稍稍长大的幼虾正远离这片海湾，游向大海。

同在九月，沙丘间海燕麦圆锥形的麦穗变成金棕色。阳光下的沼泽色彩纷呈——盐碱草呈现出柔和的绿色和棕色，灯芯草泛着暖洋洋的紫色，海篷子则是绯红一片。河边的湿地里还矗立着火红的桉树。晚风夹杂着秋天的气息徐徐吹来，遇到暖湿的沼泽便氤氲成水雾。次日清晨，草地上伫立着的苍鹭因雾气弥漫，身影变得模糊不清；有田鼠从湿地间的小路跑过，为了开辟这条小道，它耐着性子折断了无数的草茎，现在田鼠无所忌惮，因为浓重的雾气挡住了老鹰的视线；晨雾也阻碍了燕鸥觅食，它们在白茫茫的海面上扑腾了整个早上却一无所获，直到太阳驱散了迷雾，海湾里成群游过的银汉鱼才露出身影。

到了夜晚，寒冷的空气搅得在海湾四散游动的鱼儿焦躁不安。这群铅灰色的鱼身披大片鱼鳞，背上长有四簇低矮的鱼鳍，有如扬起的船帆。那是鲻鱼，它们整个夏天都生活在海湾与河口地带，孤身畅游于鳗藻和川蔓藻之间，在滩底找些腐败的动物残躯和植物碎屑来吃。每逢秋天，鲻鱼都会离开海湾，踏上远洋之旅，途中还要完成产卵。因此天刚转凉，鲻鱼便感受到海浪的呼唤，秋意唤醒了它们的洄游天性。

寒冷的海水和夏末的潮起潮落正在召唤海湾里的众多幼鱼回到海洋，比如鲳鱼、鲻鱼、银汉鱼和鳉鱼。它们先前生活在离岸沙洲上那方名唤鲻鱼塘的池塘里，池塘附近的沙丘与船滩平坦的海滩相对而望。这些鱼在大海中出生，今年早些时候经由一条临时水道来到池塘。

这一夜正逢满月，月亮像充满气的白色气球高悬天边。这几天来，潮水随着月相变化越来越汹涌，逐渐在入海口处的沙滩上冲刷出一道水沟。只有满潮时，才会有水涌入平日了无生机的鲻鱼塘。浪花击打着海岸，又有力地后退，卷走海滩上松散的泥沙。高涨的潮水顺着沙滩上一处先前留下的缺口涌来，没多久便冲刷出一条连通大海和池塘的窄渠，或称泥沟，速度之快甚至超过渔船从陆地码头行进到海岸。翻滚的海浪不断拍打着沙滩，将这条不足十二英尺宽的水沟塑造成瓶颈的形状。海水呼啸而过，像水车里的洪流，一边发出嘶嘶吼声，一边卷起泡沫。就这样，一浪接着一浪，水涌进泥沟，流入池塘，倾泻而下的水流将池塘底部冲刷得崎岖不平。潮水继续漫溢，灌进池塘深处的沼泽，悄无声息地漫过水草的草秆和海篷子红彤彤的枝茎。海浪在沼泽间掀起一团卷着泡沫的棕色水雾，其间夹杂的沙子填满了草秆之间的空隙，整片沼泽看上去就像长满了矮草的沙地。但实际上，水下的草茎足有一英尺高，只有最上端的三分之一露出水面。

海浪争先恐后地奔涌而来，翻起泡沫，卷起漩涡。困在池塘里数不清的小鱼总算迎来了自由——成百上千的鱼儿被激流冲出了池塘和沼泽，在一片混乱中直奔干净寒凉的海水而去。小鱼沉浸在兴奋中，任海浪裹挟着它们，将它们高高抛起或颠来倒去。等到了沟渠的中段，它们一次次跃升，水面点点银光跳动，像是成群闪亮的昆虫纷飞起舞、忽高忽低。鱼儿猛冲向大海时，正撞上潮水迎面而来，将它们越推越远。大水困住小鱼，鱼儿被水顶起，尾尖朝上倒立着，想与水抗衡却徒劳无功。终于，水势弱了，小鱼匆忙沿着水沟游向海洋，总算回归于细碎的海浪、干净的沙质海底和清凉的碧波间。

池塘和沼泽如何能困住群鱼呢？鱼儿一队接着一队跳出池塘，银亮的身影不时在沼泽水草间闪现。大逃亡持续了一个多小时，几乎从未停歇。很多鱼或许赶在上一次新月潮水大涨时来到此地，半个月过去了，现在又逢涨潮——水势澎湃、欢腾喧嚣、波澜壮阔，仿佛正在呼唤鱼儿回归大海。

鱼儿继续前进，穿越第一道滚滚而来的白色激浪。它们没有停下，又游过前方略微平缓的青水碧波，来到第二道激浪间。这里因有浅滩阻挡，白茫茫的海浪只得漫无目的地四散开来。鱼儿仍欲前行，但上空又有燕鸥捕猎，便只得停在入海口一带。

* * *

数日以来，灰蒙蒙的天空如鲻鱼鱼背般黯淡无光，乌云海浪似的滚滚而来，吹了一整个夏天的西南风也转而吹向北面。清晨，肥硕的鲻鱼正在河口和海湾的浅滩上跃动。渔船停靠在沙岸边，船里堆放着灰色的渔网。渔民站在沙滩上，注视着水里的动静，耐心等待着。他们知道，气温骤降，成群的鲻鱼将聚集在海湾。他们更清楚，鲻鱼会赶在刮风之前经由入海口，沿着海岸线向下游行进，一路上“鱼儿的右眼会紧盯着沙滩”——这种说法在渔民间代代相传。还有些鲻鱼会从北部的海湾游来，另一些则顺着一连串的离岸沙洲从外侧的水道前来此地。渔民对他们世代相传的捕鱼手艺满怀信心，只待鲻鱼出现。船上早就备好了渔网，现在网中还空空如也。

除了渔民，还有其他捕猎者也在等待鲻鱼的到来。比如鱼鹰“帕迪翁”，渔民天天都能看见它飞过，在空中绕大圈盘旋，像极了一小片黑压压的云。渔民守在海滩上或是沙丘间时，为了打发时光，常打赌猜测鱼鹰何时入水。

帕迪翁的巢筑在三英里外沿河的一簇火炬松间。今年夏天它和伴侣孵育了三只小鹰。一开始，雏鹰身披绒羽，颜色就像老败的树根；现在它们羽翼丰满，便飞到远处捕鱼去了。帕迪翁和它的伴侣，这对一生相守的鱼鹰则年复一年地住在此地的鹰巢中。

鹰巢底部六英尺宽，开口宽度也有三英尺多，巢穴之大，连那些在乡间土路上走过、由骡子拉着的农用推车都装不下。鹰巢用木条、树枝和碎草皮搭建而成，全靠一棵四十英尺高的松树的树冠支撑。如今，树冠和巢穴的重量压垮了松树的绝大部分枝条，只有几根低处的枝丫幸存。这些年来，两只鱼鹰不断修缮巢穴。此外，不管潮水在海滩上留下什么物件，它们都通通带回巢里，比如一块二十英尺宽的围网碎片，那是它们从海岸上捡回来的，上面还挂着一截绳子；又如渔具上掉落的十几个软木浮子；还有许多鸟蛤壳和牡蛎壳、一只鹰的部分骸骨、海螺卵壳上羊皮质地的细丝、断了的船桨、一截渔靴和缠绕成一堆的海藻。

在这个庞大、日渐破败的鹰巢底部，许多小鸟找到了安身之所。今年夏天，三户麻雀、四户椋鸟和一户卡罗来纳鹪鹩都在这住过。此前的春天，一只猫头鹰占据了鹰巢好大一块，一度还有只绿鹭栖身于此。帕迪翁对这些房客都很宽容。

阴沉寒冷的天气持续了三天，太阳终于出来了。水面上空被晒得暖洋洋的，隐隐闪着光。渔民看到帕迪翁张开双翼，正乘着越聚越多的暖气流攀升。微风吹过，它身下稍远处那绿丝带般的水面便泛起涟漪。如旅鸫一般大的燕鸥和撇水鸟正在海湾沿岸休憩。一队海豚路过，它们时而下潜时而跃动，乌黑发亮的脊背时隐时现，如同一条黑色巨蟒游过。帕迪翁琥珀色的眼睛闪闪发亮，原来是看见一束光三次划破水面，这束光入水时发出“啪”一声急响，又随风消散了。

帕迪翁身下碧绿的海面上，一抹影子晃过，紧接着微波荡漾，一条鱼探了出来。那是鲻鱼“米吉尔”，它正是先前闪过的那道光。在离鱼鹰两百英尺远的水下，米吉尔奋力一跃，满怀兴奋地把自己抛出水面。正当它为完成了第三跳而舒展身体时，一个黑影从天而降，一双利爪牢牢地钳住了它。尽管猎物有一磅多重，但帕迪翁轻松地带着它飞越海湾，往三英里外的鹰巢去了。

帕迪翁顺着河口向上游飞去，一开始它两只爪子并用，紧扣住鲻鱼的鱼头。等靠近巢穴时，帕迪翁便松开左爪，边巡视边飞落在鹰巢外的树枝上，右爪还紧握住鲻鱼。帕迪翁花了一个多小时来享用这顿美食，见伴侣靠近，便伏低身体护住食物，口中发出“嘶嘶”声。毕竟已过了筑巢期，每只鸟儿都要靠自己觅食。

这天晚些时候，帕迪翁来到下游的河中捕鱼。只见它俯冲到水面上，把爪子伸进水里滑行。它拍打了十几次翅膀，滑出一段距离，总算将捉鱼时附着在爪子上的黏液清理干净。

返程途中，有双利眼盯上了帕迪翁，那是一只棕色、大个头的鸟儿，它正在河流西岸的松树上栖息，俯瞰着河口处的片片沼泽。鸟儿名叫“雪顶”，是一只秃鹰。就像海盗那样，只要能从沿渔村一带活动的鱼鹰那里掠夺食物，它就绝不亲自捕食。正当帕迪翁飞越海湾时，雪顶也跟了上来，它飞到高空，占据了一处远高于鱼鹰的位置。

两只深色的鸟儿在空中周旋了足有一小时。忽然间，身在高处的雪顶看到帕迪翁径直坠落水面，远远望去只有麻雀一般大。鱼鹰入水，激起层层水花，随后它便消失不见了。直到半分钟后，帕迪翁浮出水面，拍打着短小有力的翅膀直线攀升了五十英尺，再将身体调整到水平位置，径直往河口飞去了。

观望了全程的雪顶知道，鱼鹰捉住了一条鱼，正要带着猎物飞回松树间的巢穴。一阵战栗的尖叫划破长空直入帕迪翁的耳中，那是紧追不舍的雪顶，此刻它在比鱼鹰高出一千英尺的空中盘旋着。

帕迪翁恼怒而警觉地大叫，它使出双倍力气拍打翅膀，想赶在雪顶发起攻击前赶回松树林，以便藏身。但它的速度还是慢了下来，毕竟随身携带的猎物鲶鱼也有些分量，加上鱼儿不时抽动，帕迪翁的双爪还得顾着抓紧鲶鱼。

雪顶飞离河口几分钟后，在小岛和陆地间找到了一处正好位于鱼鹰头顶的所在。它半张着翅膀，以极快的速度俯冲下来，风呼号着穿过它的羽毛。等飞到帕迪翁身旁时，雪顶在空中急转了一圈，又落向水面，露出双爪准备发起攻击。帕迪翁闪转腾挪，躲过了雪顶八根短弯刀似的弯曲的趾节，先雪顶一步向高处跃升了一大截，大约高出对手两百到五百英尺。雪顶紧紧跟随，又冲到帕迪翁的上空，就在它要俯身发起攻击时，帕迪翁再次向上攀升，飞过对手的头顶。

与此同时，鲶鱼因脱水太久，终于停止了挣扎，一动不动。鱼儿的双眼朦胧，仿佛在清透的玻璃上覆上一层薄雾。很快，鲶鱼身体上那层绿色和金色的光泽也变得黯淡——生命之美正在消逝。

经历了一轮又一轮的急升和速降，两只鸟飞到空旷的高空，离地面之远，竟已看不清海湾、海岸和白沙了。

“嘁！嘁！嘁嘶呵！嘁嘶呵！”帕迪翁激动地怒吼。

最后一次猛冲向地面时，帕迪翁勉强躲过了雪顶的利爪，但胸口白色的羽毛还是被扯掉了几根。忽然，帕迪翁狠狠地弯折双翼，向石头一样坠落水面。下降时，它只觉有风在耳边呼啸而过，半迷了眼睛，羽毛也被风拉扯着，身下的大海扑面而来。这已是鱼鹰与体形和耐力都胜过自己的对手抗衡的最后一招。但现在，一抹无情的黑影从天而降，速度更快，就这样赶上、继而越过帕迪翁。终于，雪顶盘旋着从它的掌间夺走了那条鱼。而帕迪翁还在下落，海湾里的渔船在它眼中不断放大，水面还有海鸥浮动的身影。最后，秃鹰雪顶带着鱼飞往它在松树间的栖息地，连肉带骨地撕碎了猎物。等它飞到林间时，帕迪翁正重重地拍打着翅膀飞过入海口，往大海远处捕鱼去了。

第5章　北风入海

次日一早，入海口一带刮起了北风，风穿透海浪，吹散了浪尖，在海上掀起一层水雾。水道闪过鲻鱼跃动的身影，它们正为了风向改变而兴奋不已。鲻鱼常在水浅的河口以及海湾的诸多浅滩活动，冷风一过，鱼儿便感受到这突如其来的寒意。于是鱼群开始寻找水更深的去处，毕竟那里还存有日照的余温。现在，来自海湾四面八方的鲻鱼集结成群，向水道进发，水道连通了入海口，而入海口正是前往汪洋大海的门户。

北风大作。风吹过河流，好在鱼儿领先一步抵达河口；风席卷海湾，吹向入海口，幸而鱼群又赶在风来之前奔赴大海。

鲻鱼顺着落潮穿行于水道深绿色的暗流间，它们身下是白色的沙质水底。在每天两场潮起潮落的冲刷下，水道底部已没有动物生活的痕迹。鱼群上方的水面好似破裂成上千块闪光的碎片，在阳光的照射下熠熠生辉。鲻鱼一条接着一条游向那泛着金光的海面，又一尾紧随一尾迅速弯折身体，奋力跃入空中。

伴着退潮，鱼群来到一条狭长的沙嘴，此地名唤“银鸥角”，筑有一条沿水道而建的石堤，以防漂沙涌向海岸。生长在这一带的海藻，叶片碧绿丰满，固着器[①]牢牢嵌在石缝间。石头上也因附着了许多藤壶和牡蛎而结了一层白色的沉淀物。顺着防波堤间一块大石的阴影望去，一双阴险的小眼睛正盯着朝大海游去的鲻鱼。那是一条十五磅重的康吉鳗，它就生活在这些石块间。肥硕的康吉鳗会捕食过路的鱼——等鱼群游过防波堤幽深的堤墙时，它便突然从暗处的洞穴里冲出来，再用吻部死咬住鱼儿不放。

鲻鱼上方大约十二英尺处的浅水区里，一队银汉鱼游过。阳光在每条鱼身上都投下一个闪亮的光斑，鱼群游动时摇曳生姿。几十条银汉鱼不时跃起，一瞬间离开属于鱼儿的水下世界，再雨点似的坠落。它们先在水上轻点出一道凹痕，紧跟着刺透坚实的水面落回水里。

潮水引着鲻鱼在海湾畅游，鱼群游过十几个凹坑，每个凹坑上方都有海鸥栖息。海湾里有一块古老的岩石，上面镶满贝壳。在海水的冲刷下，贝壳间淤积了越来越多的泥沙，加之

① 固着器是藻类植物具有的一种起固着作用的细胞或器官。——译者注

落潮卷走了沼泽里水草的种子，种子又在泥沙里扎根生长，贝壳岩竟这样慢慢变成一座小岛。贝壳岩上，两只海鸥正忙着捕食半掩在湿沙间的蛤蜊。它们找到蛤蜊后，便啄破那琉璃般、长着浅黄色和浅紫色纹路的厚重外壳。经过一番努力，海鸥坚硬的喙终于彻底撬开了蛤蜊壳，它们这才享用到藏在里面的柔软的蛤肉。

鲻鱼继续行进，游过了入海口处巨大的浮标。浮标顺着退潮向大海倾斜，配重的铁块随着水流上下起伏，发出声音。潮水时缓时急，铁块也应和着唱响忽高忽低、忽快忽慢的一曲。这只入海口处的浮标随海水舞动，自成一个世界，时而漂到海浪的波峰上，时而沉到波谷间，仿佛四周的潮涨潮落都是它主导的。

浮标自去年春天以来，还没有被清理或重漆过。现在它的外表结了一层硬壳，上面满布藤壶、贻贝、球囊形的海鞘，以及由群居的苔藓虫组成的片状柔软组织。沉积的泥沙和海藻丝填补了贝壳间的空隙，还有其他水生物密密麻麻地在浮标上“扎根”，“根部”的缝隙里也可以看见泥沙和藻丝的踪迹。在这层厚实的生命体间，某种体态纤长、外壳分节的端足动物正进进出出、无休止地觅食；海星爬到牡蛎和贻贝上方，它用腕上的吸盘紧紧吸住贝壳，直到迫使它们张开；贝壳间的海葵不时开合，伸展着多肉的触手在水里捕食。多达二十几种海洋动物生活在浮标的生态圈里，其中大部分都是几个月前到来的，那时这片海域里的生物正处在繁殖季。海洋中一度充斥着无数新生的幼体，它们像玻璃一样通透，但远比玻璃柔弱。这些幼体大部分无法长大，只有找到坚硬处附着的小生命才得以幸存。那些遇上浮标铁的幸运儿，或是靠自身分泌的黏液吸附在大铁块上，或是靠贝丝或者固着器才得以依存。就这样，它们成为这个摇曳世界的一部分，一生都在水中浮浮沉沉。

到了入海口一带，水道渐宽，海浪卷起散沙，淡绿色的海水也浑浊起来。鱼群仍在前行。水声越来越响，鲻鱼敏感的侧线立刻感知到水流正变得汹涌，海水起伏的节奏也越来越强烈。水波之所以变化，是因为入海口处有一条细长的沙洲，海浪冲到沙岸上，掀起一层卷着泡沫的白色水雾。现在，鲻鱼顺着水道越游越远，它们感受到一种更加悠长的海水律动——水位上涨了，那是远在大西洋深处的水流正在迅速起伏。鱼群游过第一道碎浪线，来到更开阔的波涛间。它们一条接着一条游向海面，跟着高高跳起，下落时溅起一大片白色水花，最后回到队伍里它们原本的位置上。

有渔民站在入海口上方高处的沙丘上瞭望，他看到鲻鱼穿越海湾的第一跳。渔民凭借老练的判断力，根据鲻鱼跳起时溅起的水花大小估计出鱼群的规模和行进速度。尽管有三条渔船和几个渔民正等在远处的海滩上，但他还是没有发出第一条鱼已游过入海口的信号。退潮还在继续，水朝向大海涌动，这样的流向是无法拉开渔网的。

* * *

沙丘一带，烈日炎炎，强风卷起散沙，咸苦的海水汇聚成水雾扑面而来。北风阵阵，长在沙丘凹面的滩草被风吹得歪斜，草尖不住地打转，一圈圈划过沙面。沿岸沙滩的散沙随风飘向大海，形成一片白色沙霾。远远望去，海岸上方的空气混浊模糊，仿佛从地面升起一层薄雾。

岸边的渔民并没有看到沙霾。他们只觉得眼睛和脸颊一阵刺痛，沙子直钻到头发和衣服里面。渔民解下手帕，用它遮住脸，把头上的宽檐帽压得很低。北风卷着沙子打到脸上，渔船龙骨下方的海水也被搅得不复平静，但北风的到来也意味着鲻鱼就在不远处了。

太阳炙烤着站在海滩上的渔民，女人和孩子也来帮忙解开绳子。孩子们光着脚，在水流冲刷出的浅坑里艰难挪动，脚下的沙地被风吹得鼓起一条条棱纹。

潮水终于变了方向。一条渔船已来到碎浪间，为捕获即将到此的鲻鱼做好准备。在这样的水势下，船并不容易出海。

渔民们纷纷奔向各自的位置，像是机器上各司其职的零件。终于，船找到了平衡，颠簸着滑进碧绿的水波中。等过了碎浪线，渔民们便来到船桨处等待船长的指令。只见船长站在船头，双臂交叉着，腿上的肌肉随着船的晃动而收紧，他的双眼紧盯着水面，看向入海口。

大海某处的碧波间，成百上千的鱼儿正在畅游，很快它们就会来到置网区。北风大作，鱼群赶在风来之前离开了海湾，沿着海岸顺流而下。几千年来，鲻鱼一直选择这个时节、顺着这条路线洄游入海。

六七只海鸥正在水面啼鸣，这预示着鲻鱼要到了。不过海鸥并不是为鲻鱼而来的，它们要捕食的是鲰鱼，这种小鱼会因体形更大的鱼儿游过浅滩而惊慌四散。现在，鲻鱼紧贴碎浪外侧游过，速度和人走在沙滩上一样快。负责瞭望的渔民注意到了鱼群经过。他开始向渔船走去，一边面朝鱼群，一边挥舞手臂通知同伴们鲻鱼行进的路线。

这时，渔民们用脚牢牢抵住渔船的横梁，用力划开船桨，只见船朝着海岸的方向在水面划过一个大大的半圆形。就这样，渔网安静平稳地入水了。网由结实的麻绳编织而成，现下已顺着船尾撒开，软木浮子也沿着航迹漂了上来。岸上，六个男人正合力握紧渔网另一端的绳子。

船的四周围满是鲻鱼，只见鱼的背鳍划破水面，正上下跃动。渔民更用力地划开船桨，想趁鱼儿逃脱前离岸更近些，以便收网。终于，他们回到最后一道碎浪线处，那里水深刚及腰，于是渔民纷纷跳下水，卖力地将渔船拖向沙滩。

鲻鱼活动的浅水区，海水呈现出半透明的淡绿色，在海浪的搅动下，散沙浮起，因此水也略显浑浊。鱼群正为了即将回到盐分更高的深海区而欢欣鼓舞。强大的洄游本能召唤鲻鱼踏上第一段旅程，它们集结成群，离开沿岸浅滩，游往前方的蓝色迷雾，深海之旅将由此开启。

鱼群前进的路上，一个阴影在洒满阳光的碧波间时隐时现。一开始，影子看起来像是一张灰暗的幕布，随后变成一面由十字交叉的细线编织而成的网。游在前面的鱼首当其冲触网了，它们摆了摆鱼鳍后退，正有些迟疑。但身后的鲻鱼接连游了过来，好奇地凑向渔网。直到第一缕恐慌蔓延开来，鱼儿纷纷游向岸边想要逃脱。这时岸上的渔民收紧手中的绳子，用网壁将鱼困住。水太浅了，鱼儿根本游不开，它们又想往海里去，但网眼却越缩越小。岸上水下的渔民都用膝盖撑着身体，脚踩滑动的沙子，一点点拉紧绳子，与水的重量和鱼的力气做最后的抗衡。

随着渔网合起又被一步步拖向岸边，围网里的鱼挣扎得更猛烈了。它们疯狂地想要逃命，加起来几千磅的力量将渔网靠近大海的一侧撑出了一道弧线。鱼自身的重量加上它们向外挣脱的力道顶得渔网底部都悬空了。这一过程中也有漏网之鱼，有些还在逃回深水区的路上被海底的沙子割破了腹部。渔民们太熟悉渔网里的每一丝变化了，他们感受到网被抬起的那股力，知道那是有鱼儿逃走了。于是他们便更卖力地拖动渔网，力气大到肌肉都快裂开，后背也酸痛不已。六个渔民跳到深及下巴的海水里，用脚踩住渔网的沉子纲，让渔网保持沉在水里。而此时，外圈的浮子离他们还有六个船身的距离。

忽然之间，鱼群哄然向上。水花四起，上百条鱼瞬间跃过了浮子纲，乱撞到渔民身上，如同大雨倾盆。渔民赶紧背过身去，拼尽全力将浮子纲抬离水面，这样等鱼撞到网上，便又成为他们的囊中之物了。

网的一部分已经上岸，随着起网，岸上那两堆松散的渔网也越积越高。网里还有些不及人类手长的小鱼，鱼头正卡在网眼里动弹不得。渔民加速收紧连着沉子纲的绳子，慢慢地渔网也露出形状——硕大、狭长，里面挤满了鱼。终于，渔网被拖到水最浅的海浪边缘处，空气中不时传来像是拍手的噼啪声，那是上千条鲻鱼拼尽最后一丝力气在湿漉漉的沙滩上弹动，仿佛在宣泄它们的愤怒。

现在，渔民正快速地从网上取下鲻鱼，把鱼丢到等在一旁的船里。他们娴熟地将网一抖，那些卡在围网里的小鱼就掉落在沙滩上了，里面有鱼龄尚短的小鲑鱼、鲳鲹鱼、巨鲐、羊头鲷、巴斯鱼以及去年出生的鲻鱼。

这些幼鱼因体形太小，既不好卖也不便吃，现下被遗落在水面以外的沙滩上。小鱼的生命正在消逝，如果有办法穿越几码[①]宽的干沙，它们就能返回大海重获新生。有的鱼晚些时候还有机会被海浪带回水里，还有一些则刚好被遗留在潮水不可及之处。它们散落在枝杈、海草、贝壳、海燕麦残梗等海洋废弃物之间，成为大海对沿潮水线活动的捕食者的馈赠。

随后渔民又拖来两网鱼，等到水位快要涨到最高时，他们便驾着小船满载而归了。这时，一群海鸥从浅滩的外侧飞来，灰色的天空衬托出它们洁白的身影，鸥群即将在这里享用一顿丰盛的鱼宴。正当海鸥为了争夺食物而吵嘴时，两只体形更小、羽毛乌黑油亮的鸟儿小心翼翼地在海鸥间穿行。这两只小鸟是鱼鸦，它们在水边生活，以死蟹死虾和其他水生生物的残躯为食，现在它们正拖着鱼儿往海滩的高处走去，打算在那里饱餐一顿。沙蚤早就成群聚集，靠吃些海鸟拣选后留下的死

① 1码约为0.914米。——编者注

鱼残躯补充能量。等到日落，沙蟹便会倾巢而出，对随潮水而来的海洋废弃物展开扫荡，这样一来，将彻底抹去那些随渔网而至的小鱼到此一游的痕迹。在海洋的生态圈里，没有谁是一座孤岛。有些生命消亡了，另一些却因此得以延续。那些维系生命的元素会永不停歇地在无限长的生命链上传递。

夜里，渔村灯火阑珊。北风凛冽，渔民们正围坐在火炉旁取暖。现在，鲻鱼终于可以畅通无阻地通过入海口，再沿着海岸线向西、向南行进。鱼群的身影淹没在漆黑的水中，水面涌起层层波浪，仿佛大型鱼类游过的尾迹，在月色的映照下闪烁着银光。

中篇　海鸥的航线

第6章　大海里的春迁

从美国切萨皮克湾到科德角肘弯似的突起间是大陆的尽头，也是海洋真正意义上的起点。从这里往陆地方向延伸五十到一百英里就是潮汐线。海洋的开端并不在于距离海岸多远，海水的深度才是区别陆地和大海的标志。不管与岸边相距几何，一旦缓缓而降的海底承受的压力来自深达一百英寻①的海水，那么前方的地势也会陡降——那里矗立着悬崖峭壁，点点微光消失不见，取而代之的是无尽的黑暗。

在陆地边缘的蓝色水雾间，鲭鱼正懒洋洋地越冬，度过一年中最寒冷的四个月时光。它们挥别了浅水区里长达八个月的疲惫生活，来到深、浅海之交，依靠因尽享丰盛的夏日美食而囤积起来的脂肪度日。等到冬休期结束的时候，鲭鱼的身体就会因满腹鱼子而变得笨重。

鲭鱼在弗吉尼亚角离岸地带的大陆架边缘休憩、冬眠，

① 英寻是一种用于海洋测量的计量单位，1英寻约为1.829米。——译者注

直到来年四月，它们才开始恢复往日的活力。或许是因为有水流涌入鱼群的栖息地，鱼儿模糊地意识到大海正在经历季节更替，这是亘古不变的自然规律。接下来的数周里，密度更高、更寒冷的冬季浅层海水会下沉，与此同时，暖和的底层海水则会上升。温暖的海水富含磷酸盐和硝酸盐，这些物质也跟着来到水面。营养丰富的海水和春季的暖阳一同唤醒休眠期的植物，它们开始生长繁殖，焕发新生。伴着春天的脚步，陆地上的树木抽出鲜翠欲滴的枝条，新芽日渐饱满；海洋也不甘落后，一种用显微镜才能看见的单细胞生物——硅藻开始大量繁殖。或许，下沉的海水还为鲭鱼传来了万物生长的好消息。此时上方水域里的植物越发茂盛，甲壳生物在成片的硅藻间觅食，随后又产下小精灵似的幼卵。很快，诸多鱼类都会在春日的海洋里穿行——它们既可享受表层水域的美食盛宴，也将在此繁衍生命。

冰雪消融，融水顺流而下涌进沿海河流，河水又汇入大海。淡水的注入稍稍缓解了海水的咸苦味，引来了需要在低盐度水域产卵的鱼类。海水流过鲭鱼的栖息地，或许把盐分变化的消息也带给了鱼群。不管鱼群如何感受到了慢慢复苏的春日气息，它们的反应倒是颇为迅速。成千上万乃至十万条鲭鱼集结成群，游过昏暗的海水，浩浩荡荡地向浅水区进发。

离鲭鱼过冬地大约一百英里的地方是开阔的大西洋海面。海洋深处，海水正从幽深漆黑的海床底部攀升，顺着泥泞的大陆坡向上涌。海水从一英里甚至更深处升上来，沿着大陆坡行进了几百英里。一开始，大海沉浸在极致的黑暗和静默中，随后墨色转淡，初时是紫色，继而变成深蓝，再是蔚蓝，直至呈现天蓝色。

行至一百英寻深处，海水翻越一面陡峭的岩壁，那是因陆基运动而留下的一个碗状区域的边缘。从这里开始，海水顺着大陆架的缓坡继续上行。在大陆架倾斜的边缘上方，成群结队漫游的鱼类第一次出现，它们正在物资丰饶的海底平原觅食。不同于深渊大海，那里只有些瘦小的鱼儿单独或三五成群地捕猎，食物也寥寥无几。但在这里，鱼群有很多选择，比如外观像植物的成片水螅虫和苔藓虫、懒散地歇在泥沙间的蚌和鸟蛤、突然现身的虾和蟹，不过一看见鱼儿努着嘴巴觅食，小虾小蟹又会慌忙遁逃，简直如同老鼠见了猫。

这时，有一艘小型汽油渔船驶过海面。船身拖着几英里长的刺网，网的上部随波浪飘摇，网眼间不断有水灌入；刺网底部划过沙质海底，途经之处便有海水四散开来。天空中数只海鸥挥舞着洁白的翅膀飞过，这是它们今年的首次亮相。除了三趾鸥，大部分海鸥都更喜爱近海生活，因为一望无际的汪洋大海会让它们深感不安。

海水涌上大陆架时，会遇到一连串与海岸线平行的浅滩。水流要先翻越这些浅滩，再前行五十到一百英里的距离，才会成为近岸潮水。一路上，海水流过峡谷，顺坡而上，来到约有一英里宽的海底高原，那里散落着许多贝壳。接着，海水又顺着近岸一侧的斜坡下降，来到另一片更加幽深的峡谷。相比于海底峡谷，海底高原是一片更宜居的所在，那里生活着上千种可供鱼类捕食的无脊椎动物，这又吸引来数量更多、个头更大的捕食者。通常而言，浅滩里各种各样体形微小的动植物尤其多，它们乌泱泱地连成一大片，觅食时或是无力地在水中游动，或是干脆随水漂流。这些小生命就是海洋中的漫游者——浮游生物。

鲭鱼结束冬休前往近海时，并没有与海水同路。不同于在海底越过山坡和峡谷，鱼群几乎径直向上攀升了百来英寻来到水面，它们实在太想念有阳光直射的浅水区了。经历了四个月暗无天日的深海生活，鱼儿正满心欢喜地穿行于明亮透光的表层海水间。它们将吻部探出水面，一次又一次地张望这片笼罩在苍穹之下灰蒙蒙的无边大海。

鲭鱼来到的这片漫无边际的水域，根本无从辨别哪边是夕阳西下的近海，哪边是旭日东升的远洋。但来自河流和海湾的活水冲淡了沿岸的海水，鱼群凭这一点便毫不犹豫地认准方向，从盐分更高的深蓝色大海游往碧波万顷的近海区。它们的目的地是一大片形状不规则的水域，那里的海水从西南方向的切萨皮克海角朝东北方向流去，到达楠塔基特岛的南面。这片水域离岸最近处只有二十英里，其他位置到岸边则要五十英里甚至更多。自古以来，在大西洋里生活的鲭鱼都会来这里繁殖产卵。

整个四月中下旬，鱼群都忙着游过弗吉尼亚角一带。它们既要从深水区向上攀升，又要快速向岸边游动。对于春季迁徙期的到来，鲭鱼显得格外兴奋。鱼群的队伍有时较为短小，但有时竟足有一英里宽、几英里长。白天，海鸟望着迁徙大军往岸边行进的身影，那浩浩荡荡的队伍如同黑压压的云层在碧绿的海面上席卷而过；夜晚，鱼群的出现惊起无数会发光的浮游动物，扰得它们四散开来，仿佛是将熔化的金属灌注进海水间。

尽管鱼群沉默不语，但它们的到来却在水里掀起了巨大的骚动。成群的玉筋鱼和鳀鱼早早察觉到鲭鱼行进时引起的水流起伏，忧心忡忡地快速游向碧波远处。或许鲭鱼前进的脚步也惊扰了水下浅滩的众多生物——在珊瑚间穿梭的大虾和螃蟹、爬上岩石的海星、狡猾的寄居蟹以及口盘像浅色花朵一样的海葵。

行色匆匆的鱼群洄游时，队伍分了上下几层。它们从远洋向近海行进的数周里，常在大陆架边缘与海岸之间散落的浅滩上投下团团暗影，让人想起另一种动物——旅鸽成群飞过时，也是这样遮蔽了大地。

终于，鲭鱼及时赶到了近岸水域，在这里它们会将卵子和精子排入水中，卸下这沉甸甸的负担。鱼儿所到之处，身后都跟着一片极微小的半透明球体，形成了一条无限延展的生命之河，仿佛银汉迢迢穿越浩瀚星空。一平方英里内遍布着上亿颗鱼卵，一艘渔船一小时的航程内则有上十亿颗鱼卵，而整片繁殖水域内的鱼卵能达到上百万亿之多。

鱼群产卵后的下一站是新英格兰沿海一侧生态丰饶的水域。现在它们一心一意地只想到达那片早已烂熟于心的海水中，那里有一种叫哲水蚤的红色甲壳水生生物常成群游过。至于新生的小鲭鱼，自有大海哺育它们长大。除了鲭鱼，牡蛎、螃蟹、海星、海洋蠕虫、水母、藤壶等许许多多的水生生物后代也是这样独自生长的。

第7章　鲭鱼的诞生

一条名叫“斯科柏”的小鲭鱼在远洋的表层水域里出生了，那里位于纽约州长岛的东南方向，离长岛最西端有七十英里远。刚降生时，它是一颗直径还不到一毫米的透明小球，顺着淡绿色的表层海水四处漂流。小球中有一滴琥珀色的油脂，帮助它浮于水中；小球里还有一颗小到只有用针尖才能挑起来的灰色生命物质。总有一天，这个灰色颗粒会发育成一条强壮的鲭鱼，也就是成年的斯科柏。那时它和同伴一样都将拥有流线型的身材，成为海洋里的遨游者。

五月里，斯科柏的父母曾跟随最后一波大规模春迁的鱼群洄游。鱼群从大陆架边缘快速游向海岸，雌鱼腹中沉甸甸的满是鱼子。行至第四天晚上，伴随着一股涌向岸边的洪流，雌鱼和雄鱼双双排出卵子和精子。有一条雌鱼产下了四五万颗鱼卵，而其中一颗就是新生的斯科柏。

地球上恐怕再难找出比这片水天相连的世界更奇特的孕育生命的地方。大海里居住着千奇百怪的生物，风、太阳和洋流是这片水下世界的主宰。海洋常常是沉静的，但也不总是无声。海风会轻轻拂过或者呼啸着掠过一望无际的水面；有时海鸥会在风中尖声鸣叫着俯冲下来；有时还会有鲸鱼浮出水面，呼出屏了许久的空气，随后又沉入水中。

鱼群继续向北、向东前进，产卵几乎没有打断它们的行程。夜里，海鸟飞过昏暗的水面，想找个地方落脚休憩。这时，无数外形奇特的小生物告别了漆黑的海底山脉和峡谷，悄悄来到水面。夜晚的海洋是这些小生物的天下，大海属于浮游生物和微小的海洋蠕虫，属于新生的幼蟹和身体通透的大眼虾，属于年纪尚小的藤壶和贻贝，属于铃铛形状不停闪动的水母，也属于其他千千万万需要避光生存的小生命。

这的确是一个奇特的世界，像鲭鱼卵这样脆弱的小生命已开始逐水漂流。大海里充斥着小型捕猎者，它们为了满足自己的生存需要，让周围的动植物付出了生命的代价。鲭鱼卵被其他新生的小动物推来挤去，比如早些时候出生的幼鱼、贝类、甲壳类水生生物和海洋蠕虫。这些幼体都在海中独行，有些甚至仅出生几个小时就要捕食了。只见它们有的把螯钳探出水面，不放过任何能够征服和吞食的动物；有的用利嘴捕食比自己行动迟缓的猎物；还有的用长满纤毛的口腔吸住绿色或黄色的硅藻细胞。

海洋里也充斥着比这些新生幼体大上一些的捕食者。成年鲭鱼产卵离开后还不到一小时，就有大群梳状水母游到海面上来。梳状水母，也叫栉水母，形似放大的醋栗，浑身通透，体侧分布着八束栉板，栉板上长有纤毛，移动时这些纤毛会不断拍打海水。它们体内大部分都是水，但每天却要进食很多次，每次都会吃掉和自己身体差不多大小的固体食物。现在，栉水母开始朝浅层海水游去，上百万颗新生的鲭鱼卵正在那里自由自在地漂流。栉水母一边缓慢地绕着轴线旋转身体，一边向前行进，在水中发出磷火一样冷艳的寒光。一整夜，它们不停地用致命的触手撩拨海水，这些触手条条纤长，极富弹性，伸展时能达到体长的二十倍。只见栉水母不断地变换着方向扭转身体，在黑暗的海水中散发着绿色的冷光，它们因不知满足地取食而导致彼此间常常冲撞。栉水母的触手如同一张柔软的网，扫过鲭鱼卵再迅速收缩，于是猎物就被送入它们垂涎已久的口中了。

这一夜，栉水母又冷又滑的身体数次碰到刚刚出生的斯科柏，所幸它也数次以毫厘之差躲过了栉水母捕猎的触手。也是在这一夜，漂浮的球形鱼卵中的原核已分裂出八个细胞，很快，它就会发育成鲭鱼胚胎了。

因为栉水母的到来，上百万颗与斯科柏同行的鲭鱼卵中有数千颗都止步于它们生命的第一阶段。它们很快就会成为捕猎者体内高水分组织的一部分，再以这种形式畅游海中，参与天敌对同族的猎杀。

在这个无风的夜晚，栉水母对鲭鱼卵的袭击从未停歇。拂晓将至，东风轻轻掠过海面，荡开层层涟漪。又过了一小时，风势渐起，大风持续不断地吹向南面和西面，在海上卷起滚滚波涛。待第一波大浪平息，栉水母便朝深处游去。即使是像它们这样由相互包裹的两层细胞组成的简单生物，也具有自我保护的本能。栉水母能够感知到汹涌的海水蕴藏了极具破坏性的能量，这对于它们脆弱的身躯而言足以构成威胁。

新生的鲭鱼卵中有十分之一都没能活过第一晚。这些鱼卵要么被栉水母吞食，要么因为先天缺陷，经过几次初期的细胞分裂以后就死去了。

现在狂风大作，尽管这场朝南吹的强风暂时驱散了水面上的大部分捕食者，但大风也给鲭鱼卵带来了新的危险。表层海水顺着风吹的方向流动，于是鱼卵也随着水流往西南边漂流，毕竟不管海水流往何方，任何一种海洋生物的幼卵也只能任海水裹挟着它们而去。不巧的是，这股向西南流动的水流迫使鲭鱼卵离开往日的繁育地前往一片危险的水域，那里可供年幼的鱼群享用的食物很少，饥肠辘辘的捕食者却有很多。经此一劫，得以幸存又度过了整个生长期的鲭鱼卵已不到千分之一了。

第二天，鱼卵金黄色卵核中的细胞经过无数次分裂，卵黄上方的胚层也开始形成一块盾状区域。这时一大群新的敌人穿越随水漂流的浮游生物，来势汹汹。它们是箭虫，一种身体透明纤长的水生生物。箭虫能够在水中如同飞箭般朝任意方向快速穿梭，以鱼卵、桡足类动物，甚至是自己的同类为食。它们生有凶猛的头部，口中长着锯齿形的刚毛，对于体形微小的浮游生物而言，箭虫简直是恐龙一般的存在。尽管在人类看来，它们不过是些体长不足四分之一英寸的小动物。

疾速游动的箭虫将在水中漂浮的鲭鱼卵冲得四处逃散，不断对猎物发起猛攻。等到水流和浪潮将鱼卵带到下一片海域时，它们已是伤亡惨重了。

尚处于胚胎期的斯科柏又一次毫发无损地躲过了袭击，但它周围的那些鱼卵却都被箭虫吞入腹中了。沐浴在五月的暖阳下，鱼卵中的新生细胞进入了茁壮生长的阶段，它们不停地增长、分裂、分化，细胞层数叠加，逐渐发育出组织和器官。又过了两天两夜，鱼卵内线状的鱼身已初具雏形，弯弯地半包在负责输送营养物质的卵黄周围。这时，鱼身的中线处出现一道细细的凸起，那是一根逐渐硬化的长条形软骨，它将发育成鱼的脊柱；鱼身前端也出现了一大块隆起，那是尚未成形的鱼头；隆起之上还有两个小小的凸点，它们将发育成鱼的眼睛。第三天，十几条“V”字形的片状肌肉已附着在脊柱两侧；通过仍呈透明状态的头部组织还可以看见脑叶；耳囊出现了；眼睛几乎成形了，透过卵膜可以看见两个黑点。尽管视力还没发育好，但这两个眼睛仿佛正注视着周围的水下世界。就在第五天的日出之际，已能看清鱼头下方有一颗被薄膜包裹住的球囊，囊内的血液将它染成了猩红色。这颗球囊颤抖、抽动着，慢慢地节奏愈发平稳规律。在斯科柏的有生之年，球囊的律动将永不停歇。

一整天以来，斯科柏以极快的速度生长，仿佛在为即将到来的孵化冲刺。它那日益变长的尾巴上出现了一道薄薄的凸起，那是尾鳍骨。晚些时候，这道凸起上会长出一连串的鳍条，就像是一排在风中绷紧的旗子。一条敞口的凹槽纵贯鱼腹，它藏身于七十多块连成片的肌肉之下，仍在稳稳地向下生长。等到下午三点左右，这条凹槽就会闭合，消化道由此形成。鱼儿跳动的心脏上方，口裂不断加深，但口腔离连通消化道还有段距离。

数日来，大风吹得表层海水源源不断地向西南方涌动，无数浮游生物也随水而去。鱼卵出生后的这六天里，海洋里的捕食活动也从未停歇，已有超过半数的鱼卵沦为捕猎者的食物或者在发育过程中死去了。

有几个晚上，鱼卵的伤亡格外惨重。那时夜色深沉，辽阔的天空和沉静的大海相映生辉。水中的浮游生物不计其数，更胜于夜空中的繁星。成群的栉水母和箭虫、桡足类动物和虾、水母体以及长着半透明翅膀的海蝴蝶纷纷从深海区游来浅层水域捕食，原本幽暗的海面闪烁着荧光。

东方渐渐露出一丝鱼肚白，西半球即将步入黎明。浅水区的外来客正组成一支又一支的队伍慌忙地游往深处，因为这些浮游生物要在太阳升起前赶回去。除非是乌云蔽日，否则白天里只有一小部分浮游生物可以继续在表层水域畅游。

总有一天，斯科柏和其他小鲭鱼也将加入这支忙碌的折返队伍。白天，它们会游到深绿色的海洋深处，等地球转过半圈，鱼群又向浅层水域攀升。但现在，胚胎还受困于鱼卵之中，尚且不具备自主游动的能力。它们只能在与自身密度相同的海水层里沿水平方向顺势而动。

第六天时，水流把鲭鱼卵带到了一大片海底浅滩的上方。浅滩上生活着许多螃蟹，现在正是它们的繁殖季。蟹卵在雌蟹的腹中已度过整个冬天，这才冲破卵壳蜂拥而出，细小的螃蟹幼体如同小精灵一般。现在它们毫不迟疑地冲向海面，并将在那里完成一次又一次的脱壳，最终换上成年螃蟹的外衣。只有经历过眼下这段浮游时光，幼蟹才能拿到海底螃蟹领地的入场券，得以在宜居的水下高原畅游。

现在，新生的小螃蟹滑动着棒状的附肢快速平稳地向水面游去。它们瞪着黑色的大眼睛四处张望，随时准备好用锋利的口器捕食可能在大海里遇到的任何猎物。海水将螃蟹幼体和鲭鱼卵带到一处，于是小螃蟹靠鱼卵填饱了肚子。到了傍晚，随风而动的海浪与潮汐流形成了两股对抗的力量，最终许多螃蟹幼体被带向沿岸陆地，而鲭鱼卵则继续向南的旅程。

有很多迹象表明，此地已经是更靠近南部的海域了。螃蟹幼体现身的前一晚，海水曾一度闪烁着醒目的绿光，方圆几英里内的大海都被一种在南方生活的海洋生物——淡海栉水母点亮了。它们长有纤毛的栉板在日间闪着彩虹般的微光，到了夜里就如同绿宝石般耀眼璀璨。表层温暖的海水里也第一次出现南部才有的淡色霞水母，它们的身体闪动着，上百条触手在水中拖行，试图捕获鱼类或是任何它们的触手可以缠住的动物。这一晚，大海也迎来了不计其数的樽海鞘。它们只有顶针大小，透明的桶状身体外圈被肌肉带包围。这群樽海鞘的到来让大海在数小时里都处于近乎沸腾的极盛状态。

到了鲭鱼卵降生的第六天晚上，卵壳表面那层结实的薄膜开始破裂。接着，仔鱼一条接着一条地滑出那狭小的卵壳，第一次碰触到海水。但此时它们的身体实在太小了，二十条仔鱼首尾相连也才勉强有一英寸长，而斯科柏正是这群微小的生命之一。

显然，斯科柏尚未发育完全，像条时机未到却提前出生的小鱼，看起来并不具备照顾好自己的能力。它的鳃裂已经很明显了，但鳃的内侧还没有连通咽部，因此尚不能用于呼吸；嘴巴也仍处于闭合状态，所幸孵化初期负责供应营养的卵黄囊会一直附着在它身上，直到仔鱼的嘴巴能够张开并获取食物；也是由于身负笨重的卵黄囊，斯科柏现在正头朝下尾朝上地倒悬在水中，无法独立活动，只能顺水漂流。

接下来的三天里，斯科柏以惊人的速度飞快成长。随着它进入愈加成熟的发育阶段，鱼的口部和鳃部结构日趋完善，背部和身侧的鱼鳍也长了出来，下半身越来越强壮，渐渐可以控制自身的运动。它的双眼受色素的影响呈现为深蓝色，或许现在正向微小的脑部传输它所看见的第一幅图像。卵黄慢慢地萎缩直至消失，它这才发觉自己的身体能够保持平衡了。通过摆动那尚有些短粗的身体和身上的鱼鳍，新生的斯科柏终于可以畅游大海。

海水仍日复一日地向南流去。斯科柏丝毫没有察觉自己正随着这股稳定的水流越漂越远。即使它意识到了，与大海相比，鱼鳍那微薄的力量也实在不值一提。从此以后，斯科柏正式成为浮游漂流家族的一员，它将跟随海水去往任何地方。

第8章　猎捕浮游生物

春日的海洋里充斥着行色匆匆的鱼群。窄牙鲷正从弗吉尼亚角的过冬地向北迁往新英格兰南部的沿岸海域，它们将在那里产卵。数群幼年鲱鱼紧贴着海面迅速游动，荡起的涟漪比轻风拂过水面时的波纹还要微弱。油鲱鱼正结着紧密的队形穿梭于海水中，阳光下它们的身体闪烁着青铜色和银色的光泽，在光滑的海面上搅起深蓝色的水波，于俯瞰的海鸟而言犹如乌云飘过。与油鲱和鲱鱼同行的还有姗姗来迟的西鲱，它们沿着熟悉的航线前往见证它们出生的河流。其间又有其他鱼类游过，那是最后一波春迁的鲭鱼，它们青蓝色的外表与西鲱银白色的身影交相辉映。

水下，刚刚孵化的鲭鱼卵正被匆匆而过的鱼群推来挤去。空中，数只海燕结成短小的队伍振翅飞过，完成了它们今春的首次亮相。海燕从遥远的南方而来，它们轻盈地飞越大洋间地势平坦或是小山起伏的岛屿，优雅地徘徊于散落着浮游生物的海面，停在空中时像极了蝴蝶采食花蜜的样子。这群海燕全然不知北方的寒冬是怎样的，毕竟那时南半球正值盛夏，它们也离开汪洋大海，置身远在南大西洋和南极洲诸岛上的家园，在那里繁育后代。

最后一拨春迁的鲣鸟也来到这片海域，它们正要前往圣劳伦斯湾布满岩石的悬崖峭壁。有时一连几个小时，海面上都会溅起白色的水花，那是鲣鸟正在捕食。只见它们从高处俯冲向下，凭借有力的振翅和蹼足滑动来捕捉离水面还有相当一段距离的鱼。随着海水继续流向南方，海洋呈现出具有南部特色的景象，比如紧紧跟在油鲱鱼群身后的灰色鲨鱼变得更加常见；在阳光的照射下，海豚闪闪发亮的背脊不时跃出海面；年老的海龟身上附有藤壶，水面也有它们出没的身影。

时至今日，斯科柏对于这个世界仍知之甚少。它的第一口食物是一片极小的单细胞水生植物，那是它吸入海水时混入口中的，经鳃耙过滤，海水流出了鱼鳃，食物则留了下来。后来，斯科柏学会了捕食跳蚤大小的甲壳浮游生物，也学会了闯入它们漂浮的队伍、速战速决地吃掉新猎物。白天的大部分时间里，斯科柏会和同伴们沉到数英寻深的水下；夜间，它们再穿越昏暗的海水来到水面，那时大海因浮游生物发出的荧光而闪闪发亮。小鲭鱼尚且不知何为昼夜，也不懂得区分海水的深度，它们只是无意识地追逐着猎物在深浅水区折返。有时斯科柏摇摆着鱼鳍来到水面，碧绿的海水正泛着金光，突然间有水生生物闯入它的视线，速度奇快，距离极近，看得异常清楚。

也是在浅水区，斯科柏第一次体会到猎杀的恐怖。那是它出生后的第十天的早晨，斯科柏没有回到暗淡无光的深海，而是在几英寻深的表层水域徘徊。清澈的碧波间，十几条银光闪闪的鱼儿突然现身。它们是鳀鱼，个头不大，长得和鲱鱼有些相近。游在最前面的鳀鱼注意到了斯科柏。只见它突然调转方向，快速横渡自己和猎物之间相隔的一小块水域，大张着嘴准备捕食这条小鲭鱼。斯科柏突然醒过神来，即刻转身，可它的运动本领尚不娴熟，现在只能笨拙地在水中遁逃。有那么一瞬间，斯科柏差点就落入捕猎者之口了，但另有一条鳀鱼刚好从对面游来，正撞在先前的这条鱼身上，斯科柏这才趁乱从它们身下逃脱。

然而，斯科柏并未真正逃离。它恍然发现自己正身处一大群鳀鱼之间，鱼群之庞大，足有数千条。银闪闪的鳀鱼从四面八方围住了它，将它推来挤去，斯科柏想要逃脱也是枉然。无论上下左右，斯科柏的四周都是鱼，它们正紧贴着波光粼粼的海面火力全开地往前游。鱼群实在无暇理会斯科柏，因为鳀鱼自己也在逃命。原来是一群扁鲹嗅到了鳀鱼的气味，正紧随其后。它们凶猛贪婪的样子就像是恶狼，刹那间便追上了鳀鱼。领头的扁鲹冲向猎物，嘴巴一张一合之间，刀片一样锋利的咽喉齿便咬断了两条鳀鱼。两截鱼头和两截鱼尾干脆地断开，顺水漂远，血腥味由此弥漫开来。扁鲹像是受了这股味道的刺激，发狂地冲向两侧。它们在鱼群中央穿行，小个头的鳀鱼便被冲散，惊慌失措地向各个方向逃窜。许多小鱼快速游向水面又腾空跃起，尽管水面之上并不是它们熟悉的领地。结果，慌不择路的鳀鱼正好落入在水上盘旋的海鸥之口。原来，海鸥和扁鲹一样，都是这片海域的捕猎者。

猎杀还在继续。原本清澈碧绿的海面慢慢染上血污。混在其间的斯科柏也吸进了锈红色的血水，血水流过它的嘴和鳃，散发出一种全然陌生的味道。这股味道实在令斯科柏不安，毕竟像它这么小的鱼还从未尝过血腥味，也没有见识过捕猎者的贪婪。

终于，猎物和猎手都离开了，连最后一条杀红了眼的扁鲹也走远了，它所引起的海水震荡已经平息，斯科柏的世界里又一次只剩下大海强烈稳定的律动。小鲭鱼斯科柏的感官早已被这群掀起血雨腥风的怪物震慑得麻木。现在，那些它眼见着竞相追逐的鬼怪已经从明亮的海面游走，斯科柏也要往绿幽幽的深水区去了。它一英寻一英寻地向下游，慢慢重回那方令它安心的幽深水域。海水黯淡无光，再恐怖的事物也隐匿其中看不见了。

随着斯科柏不断下沉，它来到一片可供捕食的甲壳动物幼体之间。它们身体透明，头大大的，是上周才降生到这片水域的。这些孵化不久的幼体还游不稳，两排羽毛似的小脚在纤弱的躯干两侧弹动着。数条年幼的鲭鱼正在捕食这些小生物，斯科柏也加入其中。只见它捉住其中一只，先用口腔顶部碾碎它透明的身体再吞入腹中。新食物令斯科柏很是兴奋，急切地想要捕获更多，于是它在这群漂浮的甲壳幼体之间快速穿梭。现在，斯科柏满心都被饥饿感占据，先前那些大型鱼类带来的恐慌仿佛已烟消云散。

水下五英寻深处，斯科柏正沉浸在瑰丽的绿色水雾间捕食甲壳幼体。这时，一道亮光一闪而过，在它眼前划过一条炫目的弧线。几乎同时，又一道向上急弯的七彩弧线闪了一下。随着光线与上方一枚椭球形的闪光体靠得越近，闪动似乎也愈发强烈——原来是栉水母的触手在发光，连触手上的纤毛都在阳光下闪动。斯科柏本能地察觉到危险，尽管自它进入幼体期后，还从未遇到过这样的栉水母——侧腕水母，它是栉水母家族的一员，也是所有小鱼的天敌。

刹那间，一条触手从栉水母的身体下方垂了下来，像是将握在手中的长绳忽然松开。这触手延伸了两英尺有余，而栉水母的身体也仅仅一英寸长。只见它快速伸展，在斯科柏的尾巴周围绕了一圈。那上面横向长了一排毛发似的纤毛，就像是鸟儿羽轴上的羽枝，只不过这些纤毛更加轻薄，类似于蜘蛛丝。所有纤毛都能分泌黏液，斯科柏正被缠绕在这些黏糊糊的丝状物之间不得脱身。它拼命想逃，又是用鱼鳍拍打海水，又是狠狠地弹动身体。与此同时，栉水母的触手则以稳定的节奏不断地收缩和扩张，粗细时而堪比发丝，时而如同线绳，时而又收缩回钓鱼线那么细，触手在变换之间拉扯着斯科柏越来越向栉水母的口部靠近。终于，斯科柏离它那冰冷、光滑、正缓慢旋转的胶质身体只有一英寸的距离了。现在，形似醋栗的栉水母口部在上，通过轻松地重复摆动八列长有纤毛的栉板来保持自己在水中的方位。阳光洒向水面，栉水母的触手熠熠生辉，斯科柏只得半眯起眼睛被迫沿着敌人滑溜溜的身体一路上行。一瞬间，栉水母形似耳垂的嘴唇差点咬住斯科柏，再将它送入身体中部具有消化功能的囊袋里。但所幸，斯科柏暂时安全了，因为敌人正忙着消化半小时前捕获的猎物——一条年幼的鲱鱼。栉水母已经将嘴巴和身体都延展到了极限，但还是无法将整条鲱鱼吞下，现在它嘴巴里还露出一截鱼尾巴和后三分之一段的鱼身。它也试过粗暴地将口部收缩，迫使整条鲱鱼都能被塞进去，但仍不成功。于是栉水母只得先等身体消化一部分鱼肉，为鱼尾腾出些空间。等到吃完鱼尾，就要轮到斯科柏了。

尽管斯科柏还在抽动着挣扎，但它却无法逃脱敌人用触手上的纤毛织成的捕猎网。慢慢地，它的反抗越来越弱了。与此同时，栉水母拧动的身体正毫不留情地将余下的那截鲱鱼一点点吸入口中。鲱鱼滑入敌人致命的消化器官，里面的消化酶仿佛有种巧妙的魔力，它能够以惊人的速度将猎物的身体组织转化为可供栉水母吸收的成分。

现在，一片阴影降临到斯科柏的头顶。那是一个巨大、鱼雷形状的身躯，它在水中乍然出现，张着血盆大口，一口吞下栉水母、鲱鱼和正进退两难的小鲭鱼斯科柏。捕猎者是一条已满两岁的海鳟，现在它的嘴里满是栉水母饱含水分的身体。海鳟试着用上颚碾碎猎物却仍不成功，只得嫌恶地把它吐掉。就这样，斯科柏也跟着滑了出来。尽管被疼痛和疲惫折腾得只剩半条命，但好在栉水母已是一命呜呼，斯科柏总算得以脱身。

附近漂来一大团海藻，它们大概是饱经潮水的摧残，终于被折断了才从海底或是遥远的岸边来到此地。斯科柏顺势爬到藻叶上，又随着海藻足足漂流了一天一夜。

这天夜里，成群的小鲭鱼正紧贴着水面游动，而它们下方仅十英寻深处就是一片由上百万只侧腕水母组成的死亡陷阱。这些侧腕水母叠了一层又一层，密集到彼此之间几乎没有空隙。它们快速旋转着、颤抖着，将触手伸展到极限。凡触手所到之处，水里的小生物都被扫荡一空，无一幸免。也有几条小鲭鱼夜间误入此地，它们来到这片由侧腕水母身体搭建成的“铜墙铁壁”，便再没了音讯。随着海水由淡转浓变为灰色，成群的浮游生物和众多年幼的小鱼匆忙从海面向深处游动，不出一会儿，它们便送了命。

作为栉水母家族的一员，侧腕水母虽然密密麻麻地绵延了数英里，但所幸它们只停留在有一定深度的海水层里，很少游往上方水域。事实上，海洋生物也常常是这样按层分布的，不同的物种占据不同深度的水域。但等到第二天夜晚，一种体形更大的瓣叶形栉水母——淡海栉水母来到了浅层水域。它们在漆黑的海水里发出绿色的荧光，所到之处必定有可怜的小动物要有性命之虞了。

当天夜里晚些时候，瓜水母军团大举入侵。它们外表呈粉红色的球囊形，约有人类拳头大小，是一种会同类相食的栉水母。瓜水母先前生活在一片辽阔的海湾，后来顺着盐度更低的潮水迁往沿岸地带。现在，它们跟随海水来到侧腕水母也曾聚集在一起旋转、颤动的那片水域，体格大些的瓜水母正伏在小一些的身体上——它们在捕食同类，成百上千的小型瓜水母被不断吞噬。这些捕食者松弛的囊袋形身体可以延展得相当大，它们也很少体会到饱腹感，因为身体消化得太快，总有空间容纳更多的食物。

等到次日天色微明，大海里的侧腕水母已所剩无几，但它们先前停留的那片水域却异常安静，毕竟猎杀过后，海里已是巢倾卵覆了。

第9章　海港

当太阳初到黄道星座中的巨蟹座时，斯科柏也抵达了新英格兰一处鲭鱼聚居的水域。随后，七月的第一场大潮将它带到一片小型港湾，港湾因由一块延伸出来的狭长形陆地环抱着而与大海分隔开来。曾经的斯科柏还只是一条弱小的仔鱼，海风和洋流一路裹挟着它向南行进了数英里。终于，仔鱼长大了，回到了属于幼年期鲭鱼的家园。

现在，斯科柏已有三个月大了，身长三英寸有余。向近海迁徙的途中，它原本粗笨、没有形状的轮廓已经发育成像鱼雷那样的流线型身材，肩部蕴藏着力量，收窄的侧身能爆发出更快的速度。终于，斯科柏长成了一副成年鲭鱼的模样——它身披纤巧的鳞片，触感柔软，摸上去像是天鹅绒一般；背部呈现为浓重的蓝绿色，那是它所不曾到达的深海才有的颜色；在这抹蓝绿色的映衬下，不规则的墨色条纹从背鳍向下延伸，覆盖了体侧的上半部分；它身体的下半部分呈现出闪亮的银灰色，若是阳光洒向水面，扫过它游动的身体，斯科柏便会身披七彩光泽。

海港里因有众多可供捕食的水生生物，所以生活着诸如鳕鱼、鲱鱼、鲭鱼、狭鳕鱼、隆头鱼[①]、银汉鱼等各种各样鱼类的幼鱼。潮水每天分两次从开阔的海面涌来，浪潮先是来到一处狭窄的入水口，再往里去，一侧扑向长长的海堤，另一侧涌上布满岩石的陆地尖端。滚滚潮水要先通过狭长的水道才能入港，因此港湾里的水流十分迅急。海水打着转地涌进来，为海港带来了大量的浮游生物，其间还夹杂着一些被从海底或是岩石间扯走的其他小型水生生物。每到一天中清澈咸苦的海潮涌向港口的两个时段，生活在此处的鱼儿总会兴奋地前来捕食，迎接潮水带来的馈赠。

众多幼鱼里有几千条都是鲭鱼。出生后的头几周里，它们散落在沿岸水域的不同地带，但最终靠水流的外力和自身游动的力量纷纷来到这片海港。鲭鱼强烈的群居天性让它们迅速结成一队。每一条鱼都经历了漫长的迁徙之旅，它们实在很满意如今日复一日居住在海港里的生活。这群鲭鱼每天顺着布满水草的海堤上溯下行，享受温暖的浅滩上漫溢的海水，也不时

---

① 此处指隆头鱼科中的珠光拟梳唇隆头鱼，多产于北美洲大西洋海岸。——译者注

游往大海的方向迎接湍急的潮水，殷切地捕食潮水中从不缺席的桡足生物和小虾。

海水途经狭窄的入水口，流过冲刷而成的海底孔洞，在孔洞上方形成一股打转的吸力；激流搅起一个又一个漩涡，撞上岩石旋即破碎，跟着白浪飞溅。潮水汹涌且变幻莫测——港口内外涨潮和落潮的时间不同，两侧潮水的推力、拉力以及水的重力也在时刻变化，入海口从不平静。许多喜爱急流和漩涡的水生生物栖身于这一带的岩石间，因要捕食海水里成群游过的猎物，石块黑色的凸起上和覆盖着水草的石壁侧面常有捕猎者急迫的触手和吻部探出来。

水一入港，就呈扇形漫灌开来。港口东侧是一道老旧的海堤，海水顺着长堤快速流过，不断地拍打码头的桩子，大力扯动落锚的渔船。对面是西岸，水流冲刷着岸边的石块，发出泠泠淙淙的响声，矮小的橡树和雪松在水中投下倒影。港口的北侧是一片沙质海滩，海水流到这里时水势已经很微弱了。潮水线上方的细沙随风而动，下方的水波随浪而起，海陆相连，同时荡开层层涟漪。

海港底部大部分为及腰深的海草所覆盖，水流就在一簇簇水草间穿行。海底凡有岩石处，四周都长着这样茂盛的海草，形成一个又一个水下花园。恰逢这一带的岩石格外多，于是在海鸥和燕鸥看来，海底斑驳陆离，一片片深色草丛星罗棋布。草丛间的空当处，沙质滩底裸露出来，海港里的小鱼争相涌入这方热闹的浅滩。这些泛着绿色和银色微光的小生命不停游动，俨然一幅车水马龙的繁忙景象。它们蜿蜒而入又曲折而出，时而紧急转向，时而散开，时而合流。有时鱼儿突然受了惊，便飞奔着逃开，恍如一阵银色的流星雨划过天际。

斯科柏跟随海水来到港口，它打算寻找一片平静的水域栖息。一开始，它被奔涌的潮水推来挤去，途经入海口时又随激流辗转腾挪，之后便沿着一簇簇水草之间的沙质滩底寻寻觅觅。就这样，斯科柏来到那道老旧的海堤，海堤上覆盖了厚厚一层棕色、红色、绿色相间的海草。正当它游进一股直扑海堤的急流时，一条体形又短又肥的深色小鱼猛地从海草间冲了出来。斯科柏当即警觉地游开了。那是一条隆头鱼，这类鱼惯于在码头或是海港生活。这条隆头鱼自出生以来从未离开过这片海港，它常常栖身于海堤或码头，啃食些附着在码头木桩上的藤壶和小贻贝，也在木桩和海堤附近的水草间捕食端足类动物、苔藓虫或是许多其他种类的小生物。虽然隆头鱼只能猎捕体形极小的鱼，但它横冲直撞的样子却能吓退体形更大的鱼类，将它们赶出自己捕食的领地。

斯科柏沿着海堤一路上溯，来到一片幽暗静谧的水域，平静的水面上映着码头的倒影。这时，一大群鲱鱼苗在朦胧的海水中乍然现身。这群鲱鱼在太阳光的照射下，闪动着宝石绿、冰银色和青铜色相交织的光芒。它们此刻正忙着逃离一条年轻的狭鳕鱼的追捕。狭鳕鱼早先便生活在海港里，它一直是所有小鱼的噩梦和天敌。正当成群的小鲱鱼绕过斯科柏身旁时，斯科柏作为一条鲭鱼的捕食天性被迅速唤醒了。只见它猛然变换方向，转过一个急弯，紧跟着便咬住了一条小鲱鱼。斯科柏锋利的牙齿深深嵌入小鲱鱼柔嫩的身体组织，齿痕横贯鱼身。随后，它带着猎物来到深处，在摇曳的水草上方几口就吞吃了这条小鱼。

等到进食完毕，斯科柏便游开了。先前那条狭鳕鱼则又回到码头一带的浅滩，想继续捕食仍在四周徘徊的鲱鱼。见斯科柏游了过来，狭鳕鱼恶狠狠地猛然转向，但它现在已无法与身强体壮、速度很快的斯科柏相抗衡了。

狭鳕鱼于冬季在缅因海岸出生，如今是第二次跨入漫漫长夏。还只是条身长一英寸的小鱼苗时，狭鳕鱼便随洋流南迁，离开出生地前往远处的开阔海面。等稍长大些，它又凭借着新生的鱼鳍和肌肉的力量在大海里乘风破浪，终于回到了沿岸浅滩。此后，狭鳕鱼继续它远离家乡的南下旅程，在途中猎食汇聚于近岸水域的当季幼鱼。狭鳕鱼体形虽小，但凶猛贪婪，能使由数千条鳕鱼苗组成的庞大队伍溃不成军。鱼群惊慌四散，受惊的小鱼甚至无法灵活游动，只得跌跌撞撞地寻求海藻和岩石的庇护。

猎捕鲱鱼的那个早上，狭鳕鱼成功扑杀并吞吃了六十条小鱼。到了下午，它便在海港的各处浅滩往返穿梭，击杀一种鼻头尖尖的银白色小鱼，它们是趁着涨潮纷纷从沙子里游出觅食的玉筋鱼。去年夏天狭鳕鱼还不满一岁时，玉筋鱼曾是它的天敌。因为它们会尾随成群的小狭鳕，不断骚扰鱼群直到有鱼儿落单，接着再用长矛状的利嘴捕杀掉队的狭鳕鱼。

日落时分，斯科柏和几十条小鲭鱼结成一队，在一英寻深处的灰蓝色海水间畅游。这是一天里最佳的捕猎时机，因为数不清的浮游生物正纷至沓来。

海港的水势格外平静。傍晚，群鱼探出水面，想要一睹笼罩在拱形天幕下的奇异世界；远处礁石或浅滩上的打钟浮标响起缓慢的钟声，声音顺着海面清晰地传来；居住在海底的小生命爬出沙洞泥坑，翻越底部的石块，不再牢牢抓住码头的木桩，终于得以游往浅层水域。

最后一缕阳光快要从水面上消散了，这时斯科柏的侧身忽然察觉水中出现了一阵快速、轻微的震动。那是一大群沙蚕涌来这里。它们身长六英寸，外表呈青铜色，身体中部有一条猩红色的环带。沙蚕先前栖身于沙地间的洞穴和浅滩上散落的贝壳下方，现在正成百上千地向上游动。日间它们伏在漆黑的岩石之下或是杂乱无章却恰能为它们提供遮掩的鳗藻根部，当有小虫在海底漫步或是有端足动物爬过时，它们便用琥珀色的尖锐吻部发起攻击并捉住猎物。生活在海底的小型水生生物一旦靠近沙蚕的洞穴，便不可能从那张恭候多时的利口中全身而退了。

白天，沙蚕还是领地里凶残的捕猎者，但到了晚上，只有雄性沙蚕才会现身，成群结队地游向银色的海面。沙蚕栖身的鳗藻根部很快就笼罩在深沉的夜色下，岩石凸出的部分在海底投下的阴影也不断地拉长加深，而此时雌性沙蚕仍留守洞中。雌性沙蚕没有猩红色的体节，身侧的两排疣足纤细柔弱，与雄性沙蚕那适宜游动的扁平桨足有所不同。

一群大眼虾在日落之前已经游来海港，随后大批年幼的狭鳕鱼也到访此地，数量比虾还要多。等到夜幕降临，海港又迎来一大群银鸥。尽管这些虾的身体是透明的，但在银鸥看来，它们就像是一大片移动的小红点，因为每只虾的身侧都有一排颜色鲜艳的斑点点缀。现在四周一片漆黑，群虾在海港迅速穿梭，身上的斑点闪动着耀眼的荧光。这抹荧光与水里另外一种醒目的绿光交相辉映，原来栉水母也来到了这片水域。好在斯科柏已经长大，栉水母早已不再对它构成威胁了。

夜里，大海昏暗而宁静，鲭鱼排着队停留在渔船码头一带。这时，一群形状奇特的不速之客游来码头附近——那是枪乌贼，也是所有年幼小鱼自古以来的天敌。枪乌贼在春天时告别了它们在汪洋大海间的冬栖地，向近海迁徙；夏季时它们或许曾以蜂拥游过大陆架的洄游鱼类为食。后来雌鱼进入繁殖期产下鱼卵，新生的幼鱼也游往这片能为它们提供庇护的港口，于是饥饿贪婪的枪乌贼紧随其后抵达了近岸水域。

现在，枪乌贼逆着退潮不断逼近斯科柏和同伴们休憩的港口。它们来得悄无声息，脚步声甚至轻过海水拍打码头木桩的声音。飞箭似的枪乌贼在潮水中疾驰而过，追逐着海里那些会发光的水生生物的尾迹。

伴着黎明时分清冷的晨光，枪乌贼发起了攻击。其中一只率先以飞弹一般的速度闯进鱼群中央，接着倾斜身体急转向右方，在一条鲭鱼的脑后不偏不倚地给了它致命一击。小鱼还没意识到对手是谁，也根本来不及恐惧，就被立刻取了性命，因为枪乌贼尖利的吻部狠咬了小鱼一口，那是个切口整齐的三角形伤痕，痕迹深入脊髓。

几乎是同时，另外六只枪乌贼也闯入鲭鱼的队伍，此时的小鲭鱼被打头阵的敌人吓得四散逃窜，一场追击战就此展开。枪乌贼在鱼群中急速游动，小鲭鱼使尽浑身解数猛冲、倾斜、扭身、转向，只为了躲避敌人。这群水瓶形状的枪乌贼速度极快，常常乍然现身，它们的触手伸展着，时刻准备捕杀猎物。

第一波混战刚过，斯科柏赶紧冲到码头在水面投下的阴影里，它沿着海堤一路上溯，在堤墙上生长的海藻间喘息。群鱼四散逃之夭夭，有些与斯科柏同路，也有些选择冲向海港外面的开阔水域。很快，枪乌贼意识到猎物已经分散开来，于是它们沉到水底让身体变色，最终枪乌贼体表的颜色变得与海底的沙子别无二致，哪怕是最敏锐的眼睛也无法锁定这些捕猎者的位置。

逃走的鲭鱼渐渐忘却恐惧，它们或是独行或是三五成群地游回码头附近的栖息地，静候潮汐变换。就这样，鲭鱼一条接一条地游过枪乌贼正驻守着的海底。这群捕猎者一动不动，几乎隐身，只看得出沙子间有些像因积水而隆起的沙包。每当有鲭鱼游过，枪乌贼便旋风似的猛然起身，迅速捕获猎物。

一整个早上，枪乌贼都使用这样的战术猎杀鲭鱼。只有那些藏在堤墙海藻间的鱼儿才得以躲过这场危及生命的灾难。

潮水升至最高时，海港一阵喧嚣，原来是一群玉筋鱼，也就是沙鳗，正急速游向近岸水域，它们的身后还跟着一小群牙鳕。牙鳕大致与人类的前臂一样长，体态纤细却十分健壮，它们的下半身闪着银光，嘴里长着柳叶刀般锋利的牙齿。先前，在港口两英里以外的一处浅滩上，玉筋鱼从沙子间游了出来，它们本打算捕食随着潮水远道而来的桡足生物，结果刚一露面就被牙鳕盯上了。玉筋鱼惊慌失措，它们本可以逆着潮水往开阔的海面逃命，那里方便小鱼分散行动从而躲过一劫，但鱼群却顺着潮水游到了港口，又游进了浅水区。

数千条只有手指长的纤弱小鱼正在逃亡，牙鳕在它们组成的队伍中往返穿梭，不断搅扰玉筋鱼。此时，斯科柏正停留在它们身下一英尺处，忽闪忽闪地抖动着鱼鳍。突然间，它的神经紧绷起来，因为海里传来轻微、断续的震荡和一股更强烈的水波起伏，引发波动的正是全速逃命的玉筋鱼和穷追不舍的牙鳕。斯科柏冲到码头投下的阴影里，躲进木桩旁的水草间。早些时候，它是很怕玉筋鱼的，如今它已和这些鱼儿一样大小。但水里充斥着猎杀和危险的气息，即便不畏惧玉筋鱼，斯科柏也还是藏了起来。

随着玉筋鱼渐渐游到港口深处，它们身下的海水也越来越浅。但鱼群的注意力全然集中在对牙鳕的恐惧上，丝毫没有留心水深的变化，终于成百上千条鱼儿纷纷搁浅。早有海鸥满怀期待地从入海口之外一路跟来，它们察觉到下方水域的骚动，等见到沙滩因为鱼儿搁浅而覆上一层银白色，群鸟简直欢呼雀跃、乐不可支。黑头笑鸥和身披灰色羽毛的银鸥拍打着翅膀纷纷飞落，跳进及肩深的水中捕食玉筋鱼。遇到新来的猎食者，它们还要尖叫着发出威胁，尽管这里的食物相当充裕，足够群鸟饱食一顿。

倾斜的沙滩上布满搁浅的玉筋鱼，鱼儿堆了一层又一层，足有几英寸厚。跟在玉筋鱼身后的还有数十条牙鳕，它们不顾一切地尾随鱼群逼近海滩的高处。然而现在潮水退了，牙鳕也无路可逃。待潮水落回大海，沙滩裸露出来，放眼望去，半英里内尽为银白色的玉筋鱼所覆盖，其间还散落着一些体形更大的捕猎者的身躯，里面也有枪乌贼。它们深受捕猎的诱惑也游到浅水区来，结果却在享用这些可怜的玉筋鱼时不慎搁浅。最终，附近几英里内的海鸥和鱼鸦云集此地，分食群鱼，螃蟹和沙蚤也不愿错过这场盛宴。经过海风和潮水一夜的洗礼之后，沙滩又光洁如初了。

次日一早，一只黑、白、红三色相间的小鸟飞落在海港入水口处的一块岩石上。涨潮期四分之一的时间里，它都在打盹神游，等醒过来后便捕食附着在岩石上的黑色小蜗牛。鸟儿沿着海岸线从遥远的北方飞来，路上还要在西风中保持方向，以免被吹向远离岸边的开阔海面。等到达港口时，它早已精疲力竭。这位远道而来的客人是一只红色的翻石鹬，也是秋季大迁徙的首批鸟儿之一。

七、八月之交，随西风而来的温暖气流与海面凉爽的冷空气相遇，将海港笼罩在一片浓重的水雾之间。距海岸线一英里远处，笛声般的雾角穿透氤氲水气，不分昼夜地响起，礁石和浅滩上的铃声也不绝于耳。整整七天，水中都没有传来渔船发动机轰隆隆的响声，因为根本没有船前往港口捕鱼，毕竟此时海上鲜有动物活动的踪迹。不过也有例外，比如海鸥，它们在大雾中也能辨别方向；又如苍鹭，它们循着渔船饵料室散发的鱼腥味来到码头的木桩上栖息。

迷雾终于散去，数个晴天接连而至，大海蔚蓝无边，天空一碧如洗。成群的滨鸟匆匆飞过海港，有如狂风扫过秋叶。迁徙的鸟群和飘零的落叶无一不在诉说着夏日将尽。

生活在海滨和泥沼里的小生物却没能早点感知秋天的到来，毕竟水下世界对外部的觉察总是要慢半拍的。直到刮起了西南风，秋日气息才算传入水中。八月末将至，狂风夹杂着雨水从海面席卷向陆地。海港一带的水面灰茫茫的，天色阴沉晦暗，更甚于海水。这场自西南方向而来的疾风骤雨持续了两天两夜，暴雨如注，倾斜着穿透海面，为大海灌注了密密麻麻数不清的雨滴。潮水在港口流进流出，倾盆大雨之下，连波浪都没了形状，只能看见海面浮浮沉沉。水位大涨，直冲海堤的最高点，连许多渔船都被淹没了。小船摇摇晃晃地跌向海底，好奇的鱼儿闻讯赶来，想对这陌生的庞然大物一探究竟。风雨中，群鱼躲在大海深处，燕鸥只能在海港入海口一带的岩石上挤成一团。暴雨打湿了它们的身体，鸟群正郁郁寡欢，因为雨势太急，水面已经成了一片不透光的灰色，燕鸥什么也看不清，根本无从捕鱼。另一边，海鸥却享受着疾风骤雨，因为高涨的潮水裹挟着受伤的水生生物或是动物的残躯涌来港口，正好可供它们捕食。

风雨大作的第一天刚过，港口里便新添了许多海藻。它们叶片细窄，边缘呈锯齿形，气孔形如成簇的莓果。次日，与大风和湾流同路而来的马尾藻遍布海港。藻叶之间藏着许多颜色鲜艳的小鱼，它们也是跟随洋流从遥远的南方游到港口的。鱼群的旅程起始于热带海域，那时它们还只是未成熟的幼体。数个北上的日日夜夜里，鱼儿靠马尾藻提供庇护。后来，海藻被大风吹离热带温暖的蓝色河流又漂向近岸浅滩，鱼群也随之而去。大部分小鱼都停留在那里，直到难以适应的寒冷天气降临并骤然夺去它们的生命。

暴风雨结束后，潮水满载着海月水母涌入海港。对于这些美丽洁白的水母而言，这是一场充满伤痛的旅程。整整一夏，海水都裹挟着它们前行。旅程的起点是长着海藻的岩石或海滨散落的贝壳，那也是它们生命的起点。冬季，海月水母还只是石头上像植物一样的微小附着物；来年春天，这些小生命就发育成了一连串扁平的碟状体；很快它们又变成铃铛形状、能在水中游来游去的小生物；再后来，海月水母便步入成年阶段了。艳阳高照、风平浪静时，它们常结成弯弯曲曲、绵延数英里的队伍停留在两股水流的交汇处。天空中有海鸥、燕鸥和鲣鸟飞过，它们都将见证成片的海月水母闪烁着乳白色光辉的奇观。

一段时间后，海月水母便会产卵。它们的伞形身体底部连接着一些中空的组织，这些组织从伞缘垂下来，就像空荡荡的袖管那样，而新孵化的胚胎就藏在这些中空器官的褶皱和边缘处。或许繁殖削弱了海月水母的生命力，因为它们的身体组织会变得肿胀，卵囊也会涌进空气，于是水母常常倾覆，只得无助地在夏末的大海中顺水漂流。然而它们又遭遇了成群的小型甲壳动物的袭击，饥饿的捕猎者进一步削弱了水母的力量，甚至给它们带来了毁灭性的打击。

来自西南方向的暴风雨搅得海里天翻地覆，海月水母也深受影响。汹涌的水流将它们卷向岸边，跌跌撞撞之间，水母的许多触手都折断了，一些身体组织也撕裂了。每一波潮水都为海港带来了更多苍白的海月水母，它们被高高地抛在海岸线的岩石上。在这里，水母残破的身体会融为海洋生态圈的一部分，而它们臂弯里那些新生的幼体则先一步去往疏浅的海水里。就这样，海月水母完成了一轮生命的循环。它们的身体组织通过转化成海洋的一部分而派上用场，与此同时那些年轻的幼体得以附着在岩石或贝壳上度过冬季。等到来年春天，一群铃铛形状的小水母又将现身并随水漂远。

第10章　海上远航

现在已是一年中昼夜平分的时节。九月，太阳行至黄道星座中的天秤座，到了夜晚，月亮在空中留下缥缈空灵的倩影。潮水日复一日奔腾着自入海口涌进港口，先是在岩石上卷起白色的泡沫，继而原路退回大海。伴着退潮，海港里越来越多的小鱼也纷纷离去。某天晚上，潮水汹涌，一阵奇怪的不安感涌上鲭鱼斯科柏的心头。也是在这一晚，奔流入海的退潮将它带离了海港。与斯科柏同行的还有几百条年轻的鲭鱼，它们在这片港湾度过了夏末。现在鱼儿的轮廓流畅清晰，鱼身已超过人类的手长。至此，鱼群告别了海港里的惬意生活，它们将前往开阔的远洋，永不回头，直到生命的终点。

入海口一带，鲭鱼任凭退潮的裹挟，顺着湍急的水流经过港口的重重岩石。海水骤然变得咸苦凛冽，水流向岩石和浅滩席卷而来，旋即激起碎裂的水花，为海面注入丰富的氧气。鲭鱼在水中兴奋地疾驰，从最前端的吻部到最末端的尾鳍都激动地颤抖着——鱼儿已经准备就绪，迫不及待地想要开启新生活。潮水里有深色的巴斯鱼出没，它们打算捕食被水流冲出岩石或海底沙洞的小型甲壳动物和沙虫。正当巴斯鱼守在波涛汹涌的水湾里埋头捕猎时，鲭鱼赶紧从这群暗影身旁逃开，它们身手敏捷，闪动着银亮的光泽，飞速游出水湾。

港口之外，海水的律动更加稳定深沉，鲭鱼也随之来到更深的水域。这一带的水流从远处开阔的海洋盆地涌来，途中的海底地势被岩架急剧抬高，水深慢慢变浅。当鱼群游过沙质浅滩或长满海草的礁石时，有时会感受到下方的水流正拉扯着身体。随着它们越游越深，海底离鱼儿也越来越远，于是海水流过沙子、贝壳和岩石时发出的喃喃水声渐渐变得模糊。对于匆忙赶路的鲭鱼来说，它们能够感受到的大多数律动和声响都来自海水本身。

这条由年轻鲭鱼组成的队伍整齐划一。尽管没有头领，每条鱼却都很清楚同伴的位置和动态。那些在队伍边缘的鱼儿一旦向左或向右摆动、加快或放慢步伐，其他鲭鱼也顺势而动。

行进途中，鲭鱼群不时被黑色的渔船吓得猛然转向，它们也不止一次因遇到迎着潮水而设的渔网而惊慌逃窜，好在此时它们的身体仍太过短小，尚不会被网眼缠住。有时一抹抹暗影会忽地从海水中迎面而来。更有一次，一只体形硕大的枪乌贼乍然现身并对它们展开追捕。双方在一队鲱鱼中来回穿梭，这群已有两岁的鲱鱼也受惊了，因为枪乌贼刚刚才猎杀过它们。

海港以外三英里处，鲭鱼群又一次感受到身下的海水正在变浅。此时，它们离一座小岛越来越近，那里是海鸟的家园。燕鸥会适时地在沙子间筑巢，银鸥也带着幼鸟来到海滩上的李子树丛和野梅树丛下，或是飞往平坦的岩石上俯瞰大海。一条长长的水下暗礁从小岛一直延伸到大海里，渔人们将它称作“涟漪礁”。海水涌上暗礁，旋即碎裂成汹涌的白浪和卷着泡沫的漩涡。鲭鱼游过时，正赶上若干狭鳕鱼在水中嬉戏，群鱼纵身跃入飞溅的激流。此时月亮刚刚升起，水花也披上了一层月白色，恰与狭鳕鱼洁白的身影融为一体，相映成趣。

鲭鱼绕过小岛和礁石，又行进了一英里远。前方，六只海豚忽然从深处游向海面，着实把鱼群吓了一跳。这些海豚先前大肆捕食藏身于沙质滩底的玉筋鱼，等发觉自己已误入鲭鱼的队伍，它们立即张开细窄的嘴巴、龇着牙齿对这些小鱼发起攻击，并成功猎杀了数条鲭鱼。惊慌的鱼群迅速逃开，海豚也没有再追上去，因为饱食玉筋鱼后，眼下它们倦意正浓。

等到天色微明，幼年鲭鱼又已游出数英里远。这时，一队成年鲭鱼正贴着海面快速移动，在水上划下一道道深重的波痕。就这样，年轻的鱼群第一次偶遇前辈。这些成年鲭鱼努着嘴巴将头探出水面，海水模糊了它们的视线，但鱼儿仍然热切地注视着天空和整片水上世界。成年鱼群与幼年鱼群的某段行进路线相交，两支队伍一度混乱地交织在一起。等过了这一段，它们又分道扬镳，各自前行。

海鸥早早离开它们在沿海岛屿上的栖息地，现在正绕着海面巡视——表层水域里的一举一动都逃不过它们的眼睛。等到太阳升起，微弱的晨光不再沿水平方向洒向海面，而是从高处直射下来，海鸥便能看清更深水域的变化了。这时，水下一英尺深处，年轻的鲭鱼成群游过。顺着鲭鱼的身影往东望去，大约六道波浪远处，两组深色的鱼鳍如同锋利的镰刀片，不时划破水面。随着鱼鳍的主人抬升身体，海鸥终于看见，那是一只贴着水面漂流的庞然大物，而露出来的只是它那长长的背鳍和最上端的几片尾鳍。这是一条剑鱼，体长足有十一英尺。它常常优哉地贴着海面游动，或许也用背鳍感受水波的张力，以此确认它在风中前进的路线。表层海水被风吹动，成群的浮游生物也顺着风的方向随波逐流，它们身后还常常跟着捕猎的鱼类。因此，剑鱼只要用这样的方法迎着风前进，总能遇到这些猎物。

起先鸥群只注意到剑鱼和成群结队的幼年鲭鱼游过，现在它们发觉一股浩荡的乱流正从东南方向涌来。潮水汹涌，吹向陆地的海风更是推波助澜。激流间，一支由大眼虾组成的庞大队伍正在靠近。尽管有时海鸥会遇见虾群捕食浮游生物，但此时它们并不在捕猎，也没能惬意地逐水漂流。相反，这群虾正因身后跟着蜂拥而来的捕猎者而匆忙逃命。那是一队鲱鱼，它们大张着嘴巴，面容可怖，能够迅速利落地捕获猎物。虾群只得疯狂前进，拼尽全力摆动着如船桨般扁平锋利的虾足。正当身后的捕猎者与它们越来越近时，一只虾发觉它透明的小身体里还残存着一丝力气，于是小虾奋力一跃，与此同时，它身后的鲱鱼也张开了嘴巴。尽管一只虾或许可以跳跃六七次来躲避追捕，但鲱鱼同样锲而不舍，一旦被盯上，它们就很难获得一线生机了。

群虾在海风和潮水的推动下朝陆地方向涌去，它们身后还跟着捕猎的鲱鱼群，这时两支队伍又碰上了来自东北面的鲭鱼群和从西北方向漂流至此的剑鱼。尽管大眼虾比鲭鱼以往在港口里捕食的猎物体形大一些，但等鱼儿来到近处，它们仍立即对处在虾群外缘的大眼虾展开攻击。然而很快鲭鱼便发觉自己已身处鲱鱼中央。鲱鱼体形更大，横冲直撞的样子吓得鲭鱼赶紧游往更深的海域。

现在，仍在观望的海鸥看到剑鱼那两抹黑色的鱼鳍沉入水中，接着鱼的轮廓变得有些模糊，因为它已游到更深处，此刻正藏身在鲱鱼群之下。随后，海面一阵扰动，水花四起，海鸥实在难以看清全貌，只知道水下正有一场大战。于是这些海鸟飞来低处，短促地振翅徘徊。终于，海鸥看清在密密麻麻的鲱鱼群中间，一个巨大幽暗的身影正在盘旋、疾驰、猛冲，疯狂地发起攻击。等到翻涌起泡的白色浪花渐渐归于平静，海面上浮起二十多条鲱鱼，它们的背部受了伤。还有许多鱼儿虚弱地游动着，头晕目眩之中连身体也歪斜了，似乎因为被剑鱼侧击击中而负伤。剑鱼的颌部不算发达，但现在仍可轻而易举地咬住受伤的猎物。不过许多鱼儿早已落入海鸥之口，它们顺手牵羊，享受了一顿现成的鲱鱼宴。

剑鱼饱餐一顿之后，便来到海面逐水漂流。温暖的阳光洒向大海，剑鱼也昏昏欲睡。成群的鲱鱼已经沉入水下，海鸥翱翔至更远处，它们仍紧盯着海面，期待水下还能有猎物浮上来。

五英寻深的水下，幼年鲭鱼遇上了一团深红色的“云雾”，这支乌泱泱的队伍由数百万只桡足生物组成，原来它们是随潮水漂来的哲水蚤军团。这些属于甲壳纲的红色小生物是鲭鱼的挚爱，鱼群自然不会错过这场盛宴。等到水势渐缓，最终无力裹挟着这群浮游生物前行时，红色的哲水蚤便沉入大海深处，鲭鱼也紧随其后。鱼群刚降至一百英尺深处，却发觉自己已置身于多砂石的海底。这里其实是海底山脉那平坦的山顶（或称高原），下方的山脉绵延起伏，一路向南又与一座自西面延伸至此的山峰交汇，于是二者连成一道半圆形的山脊，中间则形成一条水极深的沟堑。这一带的浅滩因形状独特而得名"马蹄铁"，渔民们会将延绳钓具置于其上来捕获黑线鳕、鳕鱼和单鳍鳕，有时他们的锥形渔网或网板拖网也会扫过这里。

鲭鱼在浅滩上方穿行，一路上海底地势倾斜着缓缓下沉。行至浅滩最高点之下五十英尺深处，鱼群便来到马蹄铁中央那道沟堑的边缘。沟堑深达三百英尺，柔软泥泞的滩底极少有砂石或碎裂的贝壳。这里生活着一种叫长鳍鳕的鱼类，它们能够在一片漆黑中捕食。捕猎时，长鳍鳕紧贴着海底游动，它们长而敏感的鱼鳍在泥滩里拖行。然而，鲭鱼对如此深的海水有种与生俱来的恐惧，它们只得转身往回游，沿着山坡一路攀升。返程途中，鱼群紧贴浅滩底部，毕竟对于生活在浅水区的鲭鱼来说，这片水域新奇而陌生。

鱼群沿着滩底向上游时，泥沙间有许多双眼睛正紧盯着它们。眼睛的主人透过沙子向上望去，注视着头顶上方的一举一动。这群观察者是黄盖鲽，一种比目鱼，它们体形扁平，外表呈灰色，常在体表覆上一层薄薄的沙子，这样它们既能逃脱体形更大的捕猎者的视线，又可以隐身于海底，以便捕食在浅滩上疾驰的虾蟹。比目鱼的大嘴里长有许多锋利的牙齿，大张着嘴巴时，嘴角可以直逼双眼的高度，因此它们偶尔也会捕食鱼类。但是鲭鱼实在太过活跃灵敏，比目鱼甚至不愿褪去伪装从滩底游上来追击它们。

幼年鲭鱼在浅滩上方穿行时，体形魁梧、背鳍高耸锋利的黑线鳕常冷不防地近身出现，接着又隐匿于黑暗之中。马蹄铁一带的黑线鳕不计其数，因为这里富含可供它们捕食的生物，比如贝壳生物、棘皮动物和藏在沙洞地道里的海洋蠕虫。鲭鱼经常遇见十几条甚至更多的黑线鳕成群结队，小猪似的在滩底翻寻，它们是在寻找蠕虫，这些小虫会挖开一条条地下小径直通软绵绵的沙滩深处。黑线鳕用吻部在沙子间又推又掘，肩上的黑斑也叫“魔鬼之印”，连同黑色的侧线在微光下格外显眼。鲭鱼摆动着尾巴惊慌地从它们身边快速游过，黑线鳕则继续埋头于泥沙间，并不理会。对于它们而言，既然海底蕴藏着如此丰富的生物可供食用，也就没必要捕食鱼类了。

九英尺远处，一种体形硕大、形似蝙蝠的动物从沙子间钻了出来，现在它正拍打着薄薄的身体紧贴海底游动。鲭鱼群见它外表阴森险恶，赶紧往浅处攀升了几英寻，直到身下的水足够将这凶神恶煞的魔鬼鱼挡在视线之外。

鱼群还未抵达陡峭的岩架，便先看见一种陌生的东西在水中晃来晃去。潮水大力扫过浅滩，这东西也随着潮水左摇右摆。尽管它散发着鱼类的气味，却不能自主游动，因为这是一块已经碎裂的鲱鱼饵，上面还连着一大截金属鱼钩。斯科柏充满好奇地凑了过去，它这一来反倒吓退了数只体形娇小、正小口啃食鲱鱼肉的杜父鱼，毕竟于它们而言，鲱鱼太大了，实在难以一口吞下。鱼钩上绑着一条纤细的深色钓线，钓线远端连着一根更长的渔线，这根渔线在浅滩上方顺着水平方向延伸了足有一英里远。在斯科柏与同伴畅游海底高原的途中，数次瞥见像这样用支线连接到干线上的鱼钩。有的鱼钩上坠着像黑线鳕这样的大鱼，它们咬钩后便随着水流缓慢地原地转动。还有一只鱼钩上挂着一条强壮有力的单鳍鳕，鳕鱼体形硕大，足有三英尺长。它原本在浅滩上生活，平日离群索居，多数时候藏身于倾斜的岩石外圈那一簇簇海草间。鲱鱼饵的气味引得它离开了栖身之所，之后单鳍鳕便上钩了。挣扎中，鳕鱼魁梧的身体几次围着钓线盘绕。

正当小鲭鱼逃离这奇怪的景象时，单鳍鳕被缓慢地扯向水面。鳕鱼逐渐靠近一个庞然大物投下的模糊影子，那是渔民正划着船依次来到延绳钓线旁。若是有鱼儿上钩，渔民便用一根短棒朝鱼身一打，鱼就从钩上掉落了。那些可以售卖的鱼被扔进渔船底部，卖不出的则被丢回大海。尽管钓线入水才两小时，但现在渔民们却不得不收回钓具。因为潮水已经上涨了一小时，此时马蹄铁一带的水流太过汹涌，而此类钓具只能在潮水平缓时发挥作用。

现在斯科柏来到浅滩朝远洋一侧的边缘地带，这里的岩壁陡然下降，直插入五百英尺之下的海底。浅滩外缘的岩石十分坚硬牢固，如此才能经受住汪洋大海的洗礼。斯科柏穿过浅滩的边缘，从岩壁的最高点向下游了二十英尺，来到悬崖侧面一块狭窄、凸起的岩石附近，再往下便是无边无际的湛蓝深海。石缝和岩架上方的岩层之间长着黄棕色、皮革质地的海昆布。海水汹涌而来，撞上石壁旋即折返，激荡的水流里昆布狭长的叶片摇曳生姿，一直延伸到二十英尺外甚至更远处。在那左摇右摆的扁平藻叶间，斯科柏正凑着鼻子摸索前路，结果却意外惊动了一只龙虾。龙虾平日里靠海藻的遮蔽躲避过往的鱼儿，斯科柏游来前，它正在岩架上休憩。这只雌虾来年春天便会产卵孵化，而现在数千颗虾卵就藏于龙虾腹面步足上的绒毛之间。产卵前的龙虾每时每刻都处在忧虑之中，它担心自己被饥饿又多事的鳗鱼或隆头鱼发现，以致虾卵受到伤害。

斯科柏沿岩架上方游动，这时一条六英尺长的岩鳕鱼突然闯入了它的视线。岩鳕鱼多在岩石上的水藻间栖息。这条鱼足有两百磅重，当属同类里的大块头，它能活到如此年岁，长得又这样健硕，完全得益于它的智勇双全。数年前，它便发现了深渊大海之上的这块岩架，直觉告诉它这里是个适宜捕猎的好地方。于是这条岩鳕鱼将岩架据为己有，凶猛地赶走游来此处的其他鳕鱼。大部分时间里，它都靠在岩架上歇息，等到正午一过，这一带便被阳光笼罩在深紫色的阴影里。当有鱼儿游过外面的石壁时，岩鳕鱼可以迅速出击，扑杀猎物。诸如隆头鱼、头顶凸起的角杜父鱼、鱼鳍参差的绒杜父鱼、比目鱼、鲂鮄、鲶鱼和鳐鱼，都曾命丧岩鳕鱼之口。

斯科柏游过岩架，惊起了半睡半醒间的岩鳕鱼。它自上次进食之后就一直在休憩，饥饿感也愈来愈强烈。现在，它摆动着魁梧的身躯离开岩架，循着陡峭的石壁向上方的浅滩攀升。斯科柏见状，赶紧逃之夭夭，此刻它的同伴就停留在石壁边缘处那股向上涌动的水流里。等斯科柏归队，鱼群加快步伐火速逃命，因为岩鳕鱼那幽暗的身影已然在石壁边缘隐现。

终于，岩鳕鱼来到浅滩并开始猎杀所有在这一带活动的小动物。无论是贝壳还是其他物种，也不管是浅滩的原住民还是过客，统统难逃岩鳕鱼之口。首当其冲的是在沙子间歇息的比目鱼，它们被岩鳕鱼吓得急速游走；接着它又摆动着身体飞快追赶并捕获了几条小型黑线鳕；岩鳕鱼也会扑杀年轻的同类，这些小鱼刚刚告别浅海，本打算像真正的鳕鱼那样开启海底生活；它还连壳带肉地吞下了数十只海蛤，等到蛤肉消化完毕，岩鳕鱼就会排出蛤壳，但那仍需一段时间，在此之前，十几只大片的蛤壳会整齐地堆放在鳕鱼的胃里。终于，浅滩上再没有海蛤可吃，岩鳕鱼只得转移阵地，来到一块平整的岩架上，那上面长着一层又厚又软的爱尔兰苔藓。岩鳕鱼就地展开搜捕，寻找那些藏身于卷曲藻叶之后的螃蟹。

在马蹄铁的另一端距此一英里远处，鲭鱼群察觉到海水里传来一阵奇怪的震动。这种震动极不寻常，既与海港里的水流涌动不同，也未曾在它们生命初期与其他浮游生物一起在海面漂流的日子里出现过——当然这段记忆对长大的鲭鱼来说已经相当模糊。现在，一种沉重有力、如同撞击的震动传过，纵贯鲭鱼敏感的身体侧线。震动既非源自海水冲刷岩石林立的暗礁，也有别于以往的惊涛骇浪，尽管就鲭鱼有限的所知而言，这已经是最接近它们感受的情形了。

震荡愈演愈烈，这时一群小鳕鱼匆忙游往浅滩的边缘。随后，其他种类的鱼儿也纷纷疾驰而过。初时，它们只是一条接一条地游过，接着便三五成群，再之后又结成小队，其中包括那些巨大的呈蝙蝠形状的魔鬼鱼、黑线鳕、鳕鱼、比目鱼，还有一条小型圣日比目鱼。所有鱼类都匆忙地赶往峭壁边缘，想要远离震荡不安的海水。水势渐起，发出令鱼群战栗的震动，仿佛不席卷整片海域誓不罢休。

水中一个幽暗硕大的身影渐渐显现。它的前端是一个多孔洞的巨大开口，移动时就像某种大到不可思议的巨型鱼类。先前鲭鱼群还对这阵不寻常的海水震荡深感困惑，见到鱼儿匆匆游过也满心犹疑，但现在它们看清了，这庞然大物是一张锥形的捕鱼网，于是鱼群飞速游往海水更加清浅的上层水域。它们的动作整齐划一，拼尽全力想要远离那波诡云谲的浅滩，重回浅水区本就属于它们的家园。

但生活在浅滩上的原住民自然不会像鲭鱼那样逃往洒满阳光的表层水域。拖网已然横扫整片马蹄铁，又大又深的网囊中满载着各种各样的水生生物，包括几千磅重的可食用鱼类、不计其数的篮海星、大虾、螃蟹、海蛤、鸟蛤、海参以及白线虫。

那条生活在石壁侧面岩架上的岩鳕鱼年岁虽大，但也因此见多识广，这不是它第一次遇见拖网，不过往后的机会也并不多了。此时，岩鳕鱼就游在拖网的前方，所幸随着倾斜着横穿海水的长钢索逐渐收紧，岩鳕鱼身后那与铁索相连、用于拓宽网口的网袖也已经闭合了。渔网被一点点拉上来，慢慢收向前方一千英尺处那下网的渔船。

终于，岩鳕鱼又能够自由自在地紧贴着海底畅游了。它拖着沉重的身躯一路向下，前方海水也越来越接近深水区才会出现的浓重颜色。所以当岩鳕鱼靠近岩架时，便可以凭海水颜色熟练地找到那位于深谷之上的家园。网口刮伤了它的尾鳍，于是岩鳕鱼集聚肌肉中的全部力量在空荡荡的深蓝色海水中冲刺，并最终精准无误地抵达二十英尺之下的栖身之所。

岩架上，昆布那棕色的叶片在水中摇曳，岩鳕鱼穿梭其间，正尽情享受身体下方的岩石带来的光滑质感。不出片刻，又一张拖网被置于悬崖峭壁的边缘之上，网身顺着石壁层层抖落，延伸到下方无边无际的深海中。

第11章　海上深秋

三趾鸥的啼鸣当属海上秋天最好的诠释。十月中旬，三趾鸥或称霜鸥，成群飞来大海，数千只鸟儿在水面盘旋。海水碧绿清澈，若有小鱼疾驰而过，群鸟便弓着翅膀飞落捕鱼。鸥群一路南下来到海上，它们此前的筑巢地远在北冰洋沿岸的悬崖峭壁和格陵兰岛的冰层之上。随着群鸟的到来，冬天的第一缕寒意初降海面，大海也渐渐泛起灰白色。

冬日降临之前，先有其他景象诉说着秋日已至。那还是九月，稀稀落落的海鸟从格陵兰岛、拉布拉多岛、基韦廷、巴芬岛沿着近海水域南下。鸟儿迫切地想要重返大海，群鸟的队伍也日益壮大，鲣鸟、暴风鹱、猎鸥、贼鸥、小海雀、瓣蹼鹬都踏上了南迁之旅。鸟儿不肯错过大陆架之上的任何一处水域，因为海水表面充斥着游动的鱼儿和来此进食的浮游生物群。

南迁途中，众鸟为捕猎各显身手。鲣鸟以鱼类为食，它们横扫海面寻找猎物时，洁白的身影错落有致地划过蓝天。锁定目标后，鸟儿靠表皮下的气囊提供缓冲，能够从一百英尺处的上空急速俯冲，重重地击穿水面。不同于鲣鸟，暴风鹱无法从高处一跃入水，因而只能猎捕小型的洄游鱼类、鱿鱼、甲壳生物和任何它们捉得到的表层水生物，又或者捡拾从渔船上掉落的动物残躯。小海雀和瓣蹼鹬以浮游生物为食。猎鸥和贼鸥以掠夺其他鸟类的猎物为食，极少自己捕鱼。

几乎所有鸟儿都要等到来年春天才能再次看见陆地。从现在开始，不分日夜、无论雨雪阴晴、不管疾风骤雨抑或风平浪静，数个漫漫冬日鸟儿都将与大海相伴。

先前那群鲭鱼自九月末离开海港后，便游往开阔的远洋。初到时，鱼群对于漫无边际的大海十分茫然，它们不禁感到胆怯。之前的三个月里，在海港的庇护下，鱼群相当适应潮汐变化，它们在涨潮中捕食，落潮时休憩。但远洋与近海不同，开阔的海面上，潮水起落只受日月引潮力的影响，也不止于沿岸地带，这对年轻的鱼群来说实在难以分辨。加之洪波巨浪不断涌动，海潮便更微不可察了。鲭鱼在海里漫游时，始终未能参透水流和盐分的奥秘，也找不到安全的港湾、成簇的岩石海草或渔人码头投下的阴影——它们只能在漫无边际的碧波中不断前行。

自离开港口后，斯科柏和它的同伴们依靠远洋丰富的食物来源长得飞快。现在，它们已有六个月大，身长八到十英寸，渔民戏称它们为“大头钉”。初来海上的几周里，幼鱼稳步朝北面和东面行进。因为在这样稍冷的水域里遍布着鲭鱼最喜欢的食物——红色的哲水蚤。这种体型微小的桡足生物染红了方圆数英里范围内的海水。幼年鲭鱼伴着十月的阳光一天天远离海岸，时常与那些近十几年内出生的大型鲭鱼相遇。秋季是鲭鱼大迁徙的时节。许多鱼儿曾在夏天向北游往圣劳伦斯湾和新斯科舍沿岸，而现在这波北迁的高潮已过，潮水也由大涨转为低落，于是鱼群又开始向南游动。

海水慢慢褪去了夏日余温。出生不久的螃蟹、贻贝、藤壶、海洋蠕虫、海星以及各种各样的甲壳动物纷纷离开浮游生物的队伍，因为在大海里，只有春夏两季才是属于新生命的季节。现在深秋已至，只有最简单的生命体才能获得一次短暂却蓬勃的繁育机会，因此这类生物正在海里百万倍地增长。其中有一种单细胞动物，或者叫原生动物，它们细如针孔，是海洋的主要生物光源。十月，海里也大量出现一种有角的角藻属生物——一种原生质，上面长着三个形状奇特的角。夜晚，这种生物宛如银色的光点洒满表层海水，而它们身下就是漫无边际、随海风缓缓涌动的汪洋。海里还有一种人类肉眼刚好可见的夜光虫，它们每一只体内都带着能够发光的亚微观粒子。到了这些生物蓬勃生长的秋天，凡原生动物密集之处，皆沉浸在一片流光溢彩之中；海浪撞击礁石或是浅滩，连碎浪间都闪动着喷薄欲出的“火光”；渔人的船桨划过海水，仿佛是黑暗中摇曳的火炬。

也是在一个光彩动人的夜晚，鲭鱼群遇上了一张废弃的刺网。刺网上端因系着浮子而漂浮于海面，浮子纲之下的部分则垂直坠入水中，像一张巨型网球网。对于这群当年生的鲭鱼而言，网眼足够它们游过，但再大些的鱼就会被缠在网绳之上。不过今晚不会有鱼儿误入网中，因为所有网片都点缀着微小的警示灯——那是会发光的原生动物、水蚤和端足动物在幽暗的海水中紧紧抓住湿漉漉的网绳。海水浮浮沉沉，于是无数的光点随着水流的扰动不停地摇曳。这一晚，不管是细如尘埃的植物还是体形小过砂粒的动物，仿佛海水中所有微小的生命体都倾巢而出。它们从降生到消亡都在无边无际的海洋中漂泊、在无止无休的海水波动中沉浮。终于，这些小生命有了依靠——不管是用由原生质构成的毛发还是纤毛，触手还是爪钳——它们拼尽全力抓住刺网的网片，仿佛在艰辛的水下世界找到了唯一可以依靠的实体。熠熠生辉的刺网本身也如同被赋予了生命一般，那光芒点亮了漆黑的大海，一直蔓延到深处。这抹光引来了许多深水区的小生物，它们汇聚于网片上，整夜都在这开阔、昏暗的海水中休憩。

鲭鱼也好奇地凑过去，每当它们撞上渔网，网上的浮游生物就会忽地变亮。这张网是分段布下、段段相连的，于是鱼群沿网游出了一英里有余。也有其他的鱼因要捕食网上的小生物而不时触网，但所幸它们都全身而退，没有被网绳缠住。

若逢月色皎洁，浮游生物发出的光亮便显得暗淡了，于是许多鱼儿因看不清前路而纷纷误入网孔。也正因如此，置网的渔民只在明亮的月夜捕鱼。两周前刚过月圆之夜时，刺网便置下了。接下来的数天里，两位渔民常驾着汽艇前来查看收获。后来有一晚，海上起了风暴，疾风骤雨从海上呼啸而过。也是从那晚开始，汽艇再没回来过，因为它已经在一英里之外的浅滩上失事。后来，洋流又将一根断裂的桅杆带了回来，现在就插在刺网里。

此后，刺网便再无人料理，它仍旧日日夜夜地坚守在海中。若逢天清月明，许多鱼儿都会入网，狗鲨甚至发现了渔网的秘密。这些小型鲨鱼为了取食挂在网上的猎物蜂拥而入，还将刺网扯出了一个大洞。但若是月色朦胧，浮游生物的荧光愈显明亮，鱼儿便不会触网了。

一日清早，鲭鱼群向东行进的途中，一截顺着洋流漂来的原木闯入斯科柏的视线。原木投下一道狭长的阴影，阴影边缘还有数条银光闪闪的小鱼游动，斯科柏决定上前一探究竟。

这根木头原是一艘运送木料的货船上的货物，货船从新斯科舍出发，南行至科德角一带的海面时遭遇了一场东北风向的大风暴。所有船员都不幸遇难，货船也倾覆在浅滩上。多数木材被大风吹上海岸，也有一部分待风暴减弱后离岸而去，在浅水渔场附近又被卷入顺时针运动的浩荡洋流间。现在，这截逐水漂流的原木是汪洋大海所能给它们提供的唯一依靠，于是斯科柏也加入了银色小鱼的队伍。有一阵，它甚至不理会鲭鱼群的动向，而醉心于重温年幼时海港里的生活。那时，只要躲在码头或是落锚渔船投下的阴影里，鱼儿就是安全的，能够免遭海鸥、枪乌贼和大型鱼类的袭击。

斯科柏与浮木下的小鱼同行不久，便有六七只秋迁的燕鸥飞来。浮木表面覆着海藻格外湿滑，燕鸥飞落时急促地拍了拍翅膀，纤细的脚趾也滑了一下才站稳。自一天前飞离遥远的北方海滩，燕鸥还是第一次歇脚。尽管这些鸟儿在海里取食，但它们却并非真正属于海洋，也害怕在水上停落。对于燕鸥来说，大海是一个陌生的所在，尽管它们必须时常下潜捕鱼，经历那个短暂、惊慌、与水上世界隔绝的瞬间，但燕鸥并不愿将自己柔弱的身体托付给大海，停在海面上休息。

层叠的海浪从原木的前端滑下，将木材轻柔地抬起，水流迅速由前至后淌过，推着原木滑入波谷间。木材颠簸地滚向前，水下七条小鱼紧随其后，水上又有燕鸥伫立着，一如守在木筏上的海员。鸥鸟正在大海中央休憩，即使浮木将它们带离既定的航线，鸟儿也心甘情愿。它们梳理着羽毛，将翅膀举过头顶放松肌肉，没过一会儿其中几只便睡着了。

一小群海燕[①]或称“海神之鸟”，飞来原木附近的水域。海燕的双脚轻拍水面，翅膀抖动了一下，就这样优雅地降落在海上。它们的叫声细若游丝，仿佛在一遍遍呼唤自己的名字“毗呔若、毗呔若”。海燕飞落是为了探查一大群密密麻麻的小型甲壳动物，这些小动物正在分食一只漂浮的枪乌贼残躯。海燕集结了没多久，一只在半英里外巡视的大型剪水鹱便俯冲下来，落在群鸟之间。它兴奋的叫声引得数位同伴匆匆赶来，而就在片刻前，天空和海上都还空空如也。这群剪水鹱重重地扑向水面，一边用胸口击打海水一边挥舞翅膀。尽管海燕先一步因食物而来，但这些体形更为小巧的鸟儿现在却被贪婪夺食的剪水鹱驱散了。第一只剪水鹱成功捉住了枪乌贼，并朝同伴们尖声大叫着示威。虽然猎物大到难以一口咽下，但剪水鹱还是尽力吞食。毕竟群鸟虎视眈眈，它一刻也不敢松口。

忽然，空中传来一阵尖锐的叫声。一只棕黑色的鸟儿扫

---

① 此处指威尔逊风暴海燕。——译者注

过剪水鹱头顶——猎鸥前来夺食了。只见它盘旋着越过叼着枪乌贼的那只鹱鸟，在海风中攀升，向后绕圈，又落在剪水鹱身上。剪水鹱挥舞翅膀贴着水面加速飞行，拼命想要甩掉掠夺者并先一步吞下枪乌贼。突然，一大块肉从剪水鹱口中掉落，肉还没入水便被猎鸥衔住。待吃干抹净，有如海盗的猎鸥便横穿海面飞走了，空留数只剪水鹱沮丧而愤怒地徘徊。

傍晚，海上起了一层浓雾，雾气约在剪水鹱日常飞行的高度铺开，漫过大海。碧绿的海面原本泛着金光，现在海水失了颜色也退去余温，灰茫茫一片。日光消散，海水深处的小动物一如往常游了上来，随小鱼小虾而来的还有它们的捕食者——枪乌贼以及更大的鱼类。

浓雾预示着长达一周的恶劣天气。表层海水愈发不宜居，于是鲭鱼纷纷游往水下。尽管鱼群来到比往常更深的海里，但这里仍属于上层水域，因为鱼儿身下是一片深陷进大陆架的海底盆地。一周将尽时，它们终于接近了盆地的外侧边缘。海底山脉绵延不绝，连接着近海水域和幽深的大西洋。

这场秋季风暴渐渐休止，现在阳光普照，鲭鱼离开幽暗的深处打算再次游往海面觅食。它们越过绵延山脉间一条高耸的山脊，那里汹涌的海水席卷而来。尽管水流并未冲散鱼群的队伍，但这趟旅程对于年幼的鲭鱼来说并不轻松，于是它们又调转方向朝着深处更加平静的海域而去。

现在，鲭鱼沿着一片幽暗的悬崖游动，悬崖之下便是已存在数亿年的峡谷深渊。深谷之间，碧绿的海水一泻千里；阳光透过清澈的碧波，将陡峭的西侧崖壁笼罩在深蓝色的阴影里；在光线的映衬下，长满海藻的倾斜岩架宛如一片嫩绿色的森林；日光从一块边缘参差的岩石顶端射下来，连岩架下暗淡的水雾之间也多了一抹鲜亮的色彩。

一条康吉鳗就居住在悬崖凸起的岩架上。岩架与一道深深的石缝相连，康吉鳗偶尔遭遇天敌步步紧逼时，便可退守石缝中。有时，峡谷里会游来蓝色的鲨鱼，它会突然调转方向袭击肥硕的鳗鱼；也有海豚畅游其间，它们大肆扫荡每一块岩石凸起，搜刮悬崖岩洞里可能的猎物。但这条康吉鳗还从未落入过捕猎者之手。

鲭鱼小队接近岩架时，康吉鳗的小眼睛立刻注意到鱼群闪亮的身影。鳗鱼肌肉发达的尾巴紧贴洞穴岩壁，将宽厚的身体收回洞里。鱼群刚游到洞口，斯科柏忽然转头朝悬崖而去，原来一小群端足动物正围聚于狭窄的岩架，绕着一块食物残片徘徊。这时，康吉鳗猛然松开抵住岩石的尾巴，奔向洞穴之外开阔的水域，摆动着柔软舒展的身躯。受惊的鱼群加速逃走，只有斯科柏还全神贯注地盯着那群小生物，直到大难临头才察觉捕猎者的到来。

悬崖峭壁间，晃过两道追逐的身影——一道影子细长、尾部收窄，在阳光下闪着七彩虹光，那是鲭鱼；还有一道长度接近人类的身高，厚重、土褐色的身形简直与消防水带无异，那是康吉鳗。看见天敌游来，悬崖上的小动物匆忙逃命，有的回到草丛中，有的躲进岩石间的小洞里。斯科柏引着鳗鱼顺岩壁忽上忽下，穿梭于岩架参差的边缘之间。最终，它沉向一块海草丛生的岩石藏身。鲭鱼的到来意外惊动了两条隆头鱼，它们原本正抖动着鱼鳍，倚在石头边透光的地方休憩，见斯科柏闯入便惊恐地寻求藻叶的遮蔽。

现在，斯科柏一动不动，只有鳃盖快速起伏。海水淌过石壁，康吉鳗腥臭的气味随水流越来越近——这条肥大的鳗鱼正展开搜捕，探进每一个可能作为鲭鱼容身之处的石缝里。斯科柏也闻到了敌人的气味，它最终决定重回开阔的水域，向浅处攀升。康吉鳗眼见斯科柏银亮的身影闪过，遂调转方向全力追击鲭鱼。不过，它已落后二十英尺。鳗鱼作为一种生活在岩架和幽暗洞穴里的生物，很少前往开阔处。自然，康吉鳗也犹豫了一下，最终决定放缓脚步。这时，它小而深陷的眼睛瞥见一队灰色的狗鲨正朝它疾驰而来。鳗鱼本能地朝着洞穴加速前进，但现在它离自己的家园已经相当遥远了。很快，狗鲨追上了康吉鳗，在饥饿嗜血的天性召唤下，这群小鲨鱼三两下便撕碎了猎物肥硕的身体。

两天来，数群狗鲨涌向这片海域，捕食诸如鲭鱼、鲱鱼、狭鳕鱼、油鲱、鳕鱼、黑线鳕等所有的过往鱼类。斯科柏和它的同伴们实在不愿忍受鲨鱼的侵扰，第二天便朝西南方向游去。一路上，它们翻越数条海底山脉和峡谷深渊，终于将那片狗鲨肆虐的水域甩在身后。

当天夜里，鲭鱼闯入一片会发光的海域，海水里充斥着移动的光点。这些光点源自一群一英寸长的虾，它们每一只的眼睛下方都长着一对会发光的器官，还有两排发光器生于分节的虾腹侧或虾尾上。每当群虾弯起尾巴游动，它们体后的“小灯”就会点亮前方和身下的海水，这或许正好帮它们看清诸如小型桡足动物、裂足虾、翼足螺和单细胞的动植物等可供捕食的猎物。捕猎时，虾靠尾部运动激起一股水流，乱纷纷的猎物就这样被呈送眼前，大多数虾接下来会用虾足、特别是长着刚毛的附肢紧紧捉住食物。这一晚，鲭鱼群追随着“小灯”的指引，轻而易举地捕获了不计其数的虾。

终于，黎明的第一缕阳光驱散了昏暗的夜，那群仿若点着小灯的虾也游开了。鲭鱼群循着日出向海面攀升，这时它们遇见了一大群翼足螺，也就是海蝴蝶。初时，阳光只是水平地漫向海面，海蝴蝶身影朦胧，仿佛一抹蓝色的云雾遮蔽了鲭鱼的视线；后来，旭日东升，又过了一小时，光线倾斜地穿透大海，海蝴蝶散落其间，它们透明的身体宛如精致的上等琉璃，在阳光的映衬下，整片海域都散发着炫目的光芒。

这天早上，鲭鱼群穿行于海蝴蝶之间，游出数英里远。它们也时常遇见大张着嘴巴捕食软体动物的鲸。尽管鲸无意伤害鲭鱼群，但鲭鱼还是从这些巨大幽暗的身影旁匆匆而过；数条鲸正以数百万计吞食海蝴蝶，但海蝴蝶自己竟毫无察觉。它们只是醉心于觅食，平和地在大海里游动，丝毫没有发觉可怕的鲸已经现身。直到鲸闭起血盆大口，鲸须板间的水也迅速流出，海蝴蝶才意识到大难临头。

斯科柏穿行于海蝴蝶之间时，看见身下一条大鱼一闪而过，也察觉到大鱼尾迹卷起的水流滚滚而来。但这条鱼的速度太快，来去匆匆，斯科柏只得将注意力收回到正在捕食的同伴和水里小而清透的海蝴蝶身上。突然间，斯科柏发觉几英寻之下的海水动荡不安，随后意识到那是同伴们正从队伍的下层边缘加速向上游动。原来，十几条硕大的金枪鱼突袭了正在觅食的鲭鱼群，它们先是潜到鲭鱼的身下，再驱赶鱼群往海面游。

金枪鱼穿梭于仓皇失措的猎物之间。现在鲭鱼四面楚歌、腹背受敌。由于捕猎者就守在鱼群身下，因而斯科柏只能和大部分同伴不断向上游。随着它们离海面越来越近，海水的颜色也越来越浅。斯科柏注意到身下海水的震荡，那是一条大鱼正紧随它的脚步向上攀升，而且速度比这群小鲭鱼还要快。忽然，这条鱼捉住了斯科柏身旁的同伴，连斯科柏自己的侧身也被五百磅重的金枪鱼划伤了。终于，斯科柏游到海面，但身后的金枪鱼仍穷追不舍。于是小鲭鱼只能一次次跃出水面再落回海里。然而哪怕是在空中，鲭鱼的身体也会被鸟喙啄伤。原来追逐间，金枪鱼溅起了大量水花，海鸥闻讯匆忙赶来，现在海面上的水花声、鱼身入水的响声和嘈杂的鸟鸣声此起彼伏。

斯科柏跃升的高度越来越低，渐渐体力不支。下落时，它沉重的身体疲惫不堪地跌向水面。斯科柏两次差点落入金枪鱼之口，更是眼见着数位同伴命丧于此。

然而鲭鱼和金枪鱼都没有留意到，一道高耸、黑色的鱼鳍正从东面靠近。而这道鱼鳍的东南方向一百码远处，还有两道鱼鳍也迅速划过水面。利刃般的鱼鳍极高，可与大个头的男人比肩。来者竟是三条虎鲸，或称杀人鲸，它们嗅到了血腥的味道，正步步靠近。

此时，三条身长二十英尺的虎鲸正朝那条最大的金枪鱼展开猛攻，它们饿狼般地扑了上去。斯科柏眼见着海里新添了更加凶悍可怖的捕猎者，大大小小的鱼也陷入混战。就在大金枪鱼徒劳地跳动摇摆想要挣脱时，斯科柏找到了逃生之路。转瞬间，它已置身一片安全的水域，那里没有捕猎者的追击和扑杀，因为除了那条被虎鲸围攻的金枪鱼，其他大鱼见虎鲸一来早已逃之夭夭。斯科柏游到深处，大海已经恢复了往日的祥和、安宁、碧绿。晶莹剔透的海蝴蝶畅游其间，斯科柏遂归队加入了鱼群的觅食之旅。

第12章　围网

夜晚，海里闪耀着异样的荧光。十一月已经到来，天冷水寒，正在海面捕食的鱼儿也加快了游动的脚步。它们穿行于数百万只会发光的浮游生物间，惊扰得这些小生物散发出耀眼的光辉。海上本无月，但漆黑的夜却被忽明忽暗的光斑打破。大海时而光芒万丈，时而暗淡深沉。海水闪着点点银光，斯科柏与五十来条小鲭鱼畅游水中，这时它注意到前方有强光弥漫开来。那是一队数量众多的大型成年鲭鱼，它们正在捕食虾群，而虾群则紧随桡足动物身后。现在，数千条鲭鱼随着潮水缓慢地漂流。海里充斥着数不清的发光生物，鲭鱼稍一挪动便会撞上无数只，因而鱼群所到之处皆笼罩在光影之间。

小鲭鱼的队伍逐渐向成年鱼群靠近，两者很快交汇。斯科柏从没见过如此浩荡的队伍。现在，它已被同类包围——它的上方是一层挨着一层的鲭鱼，身下也是如此；前后左右也都是鲭鱼的身影。

通常这种身长八到十英寸的当年生鲭鱼，或称“大头钉”，并不与大型鲭鱼同行，因为小鱼的游行速度更慢，两队鱼自然会分道扬镳。但现在身强体健、已经六到八岁的成年鲭鱼因捕食而放缓了脚步——它们的游行速度并不比前方由浮游生物组成的绵延大军要快——小鲭鱼也可以轻而易举地与前辈们保持同速，于是大小鲭鱼便一道洄游了。

海水里众多的鱼儿川流不息，体形健硕的成年鲭鱼正在黑暗中疾驰、绕圈、转向，它们的身上还映着来自其他生物的荧光，这景象不得不让小鲭鱼又兴奋又紧张。现在，不管大小鲭鱼都在全神贯注地捕食，谁也没有察觉头顶上方有一股透光的水流正在涌动，像是大型鱼类在海面游过时留下的尾迹。在水上休憩的海鸟听见一阵低沉的震动声，宁静的夜晚就此打破。那些睡意正浓的鸟儿也及时醒了过来，这才没有被前行的渔船所伤。但无论是暴风鹱的惊叫还是剪水鹱急促扇动翅膀的声音都没能让水下的鱼群有所警觉。

“有鲭鱼！”桅杆顶上观望的渔民大喊道。

引擎的声音被调小，几乎如同心跳声勉强可以听见。十来个渔民斜靠在围网渔船的栏杆上，凝视着漆黑的大海。因为担心惊扰到海里的鱼，渔船并不掌灯。万物都笼罩在一片深沉厚重、天鹅绒般细密的黑暗中，连海天之交也变得模糊。

等等，船首左舷那里是不是闪了一下，像是苍白的鬼魅瞬间晃过？但即使真的有光，现在这光亮也已消失，大海又沉浸在无边黑暗中，全然没有生命的迹象。忽然，海上又亮了一下，像是微风中的火苗，或是用双手护住的火柴发出的微光；随即，“火光”渐盛，在黑夜中弥漫开来；它不断移动，有如一团摇曳、流动的云雾在水下穿行。

“是鲭鱼！”船长盯着亮光看了几分钟后回应道，“仔细听！”

一开始，除了海水轻抚渔船的声音，大海悄无声息。只有一只海鸟在无尽的黑暗中迷失了方向，撞上桅杆又跌落在甲板上，它惊恐地叫了几声便振翅离开了。

大海又陷入沉寂。

接着渔民听到一阵微弱的、像是急促的雨点落向海面的水声传来。他们绝不会认错，那是鲭鱼的声音，而且是一大群鲭鱼正在海面捕食的声音。

船长立即安排众人布网。为了便于指挥，他自己已爬到桅杆顶端，船员也各就各位：十人前往拉网船，这条船通过一根杆子与大船的右舷相连；两人前往拉网船后面拖着的平底小船。引擎声渐响，大船开始绕着发光的海域划大圈移动。这样可以令鱼群安静下来，引得它们聚成小圈上浮。渔船一共绕了三圈，一圈比一圈小。现在水里的亮光更盛，也更为集中了。

拉网船的底部堆放着一千两百英尺长的渔网。等绕完第三圈，船尾的渔民便将网的一端递到平底小船上。渔网还很干燥，今晚尚未入水。平底小船上的渔民开始划船前行，小船渐渐与拉网船分离；大船也又一次拖着拉网船开动起来。现在，拉网船和平底小船之间的距离越来越远，渔网也顺着拉网船的轨迹稳稳滑入水中。一条系着浮子的绳索在两艘小船之间展开。浮子纲之下，渔网如同一张幕布垂直落下，网的底端坠着沉子，它们拖着渔网一直延伸到一百英尺深处。水面的浮子纲慢慢舒展，先只露出弧形的一截、然后绕过半圈、再划完一整圈，最终将鲭鱼围拢在直径四百英尺的空间里。

* * *

鲭鱼开始躁动不安。处在队伍边缘处的鱼儿意识到水里传来一阵强有力的震荡，像是某种大型海洋生物正在逼近。海水发生位移，沉重的水流扑面而来。有些鱼已经注意到它们的上方出现了某种银色的、不断移动的长椭圆形物体，旁边还有一前一后两个略小的身影，像是一头雌性鲸带着两只幼鲸。鲭鱼对这些陌生的庞然大物害怕极了，于是原本在队伍边缘捕食的鱼儿开始朝中心汇聚。每一条健硕的鲭鱼都在盘旋并一头扎进“安全”地带，在那里，它们看不见那些巨大、发光的身影，那三个不明物体移动时的尾迹也消散在数千条鲭鱼游动时激起的稍显微弱的海水震荡之间。

现在，对鲭鱼而言有如海上怪物的物体又开始绕圈驱赶猎物。这次，两艘小船里只有一艘随着大船开动，另外一艘只是在鱼群上方漂流，仿佛在用长长的鱼鳍或是脚蹼拍打海水。拉网船循着水里的光亮前行，旁边大船更宽些的行进轨迹上也闪烁着微光，就这样，渔网从拉网船身后的尾迹间滑过。早有浮游生物汇聚在网上，因此随着渔网滑过海水，如同一张轻薄、摇摆、微微闪光的帘幕悬于水中，海水也陷入一片雨点般细密纷繁的光影里。但鱼类最害怕的就是这种网墙。随着网绳绕过的区域变大再慢慢闭合成一个大圆圈，鲭鱼愈发彼此靠近，无论哪个位置上的鱼都竭力远离渔网。

斯科柏身处靠近鱼群中央的位置，它的同伴们不断逼近，鱼群的身体在光线的笼罩下也反射出刺眼的强光。斯科柏深知周遭的变化却仍感费解，因为它的脑海里根本没有渔网的概念，毕竟它既没有亲眼看见那些缀满浮游生物的网孔，吻部或身侧也不曾剐擦到网绳上。一种惶恐不安的情绪正如电流般在鱼群间迅速蔓延，充斥了整片海域。所有动作——外围的鲭鱼触网、转向、疾驰折返——都让这缕恐慌不断发酵。

拉网船上的一位渔民只有两年的出海经验。或许有一天他会忘记自己入行以来的疑问，但至少目前他还记得——那种对于海里到底隐藏着什么的深深的不解。他有时看着甲板上的鲜鱼或是货舱里的冻鱼时，不禁自问："鲭鱼一生都看见过什么呢？"那是他不曾见过的世界，不曾去过的地方。渔民从未和人说起过，但他确实觉得矛盾，像鲭鱼这样一生都在海里辗转浮沉的动物，甚至在眼前还模糊一片时就曾躲过所有天敌无情的袭击，怎会最终命丧围网，最终在甲板上留下黏腻的内脏和湿滑的鱼鳞？但他常忙于打鱼，实在无暇细想。

今晚，那渔民看着围网入水、下沉又泛起荧光，不禁想到数千条鱼在水下徘徊的样子。他看不到海水的更深处，哪怕是上层水域的鱼对他来说也只是黑暗中一截会发光的横线，像是将夜空的烟火倒置在漆黑的海里。他一边这样想着一边感到一丝晕眩。在渔民的脑海里，鲭鱼向上游到渔网附近，先是吻部触网，接着便后退。他还通过海里的光影推断鲭鱼的体形一定不小。此时水下的荧光如同熔化的金属，愈发集中了。他知道渔网的每一处都在上演触网和逃离的场景，因为网的两端已经相交。拉网船和平底小船早就汇合到一处，网也闭合起来。

现在，那渔民帮着托起又大又沉的配重铅块，确保三百磅重的铅块系于括纲上，并将它沿着钢索向下滑，从而使渔网底部的开口收窄。他一边收回长长的括纲，一边惦记着水下的鲭鱼，它们只因看不清网底开口处的逃生之路才被牢牢困在网里。他想象着铅块一点点下滑，想象着悬挂在沉子纲上的铜制底环正随着穿于其间的括纲收绞而一点点靠近，想象着渔网底部的开口越来越小。但他相信，那道口子仍足以让鱼儿逃生。

那渔民能感受到鲭鱼现在格外紧张。停留在上层水域的鱼儿不停地跃动，宛如数百颗彗星划过天际。渔网明暗交替，亮起来时让他想起天空中的火烧云。他似乎能看到大海深处的铅块正推撞着前方的底环，钢索也逐渐拉紧。他知道鲭鱼仍在海里徘徊——现在它们还有一线生机。他能想象到那些健壮的鲭鱼正在如何逐渐失去耐心。如此庞大的鱼群总是很难一网打尽的，但没有哪位船长会选择打乱鱼群的队伍，因为受惊的鱼儿一定会逃往深水区。他相信为首的大鱼已经游向深处了，它们会带领整支队伍从那个逐渐收窄的网口中下潜，径直奔向海底。

那渔民转身背对着海水，用手掂量着拉网船底部那堆湿漉漉的绳索的分量。虽然太黑看不清楚，但他试着据此推断已经收回了多少钢索，以及围网收紧前还要收绞的钢索长度。

这时，渔民的身旁传来喊声，于是他又面对海水而立。眼前，渔网内的光线越来越暗，飘忽不定，再衰退成灰白色的微光，最后尽数消失——鲭鱼已经游向深海了。

那渔民斜倚着船舷上缘，凝视着漆黑的海面，眼睁睁地看着光亮消失，并在脑海中补齐了错过的画面——数千条鲭鱼竞相飞速游向深处。他忽然渴望自己能来到水下一百英尺沉子纲的所在。那里的鲭鱼以最快的速度飞奔，闪动着流星般的火光，那该是多么壮观的场面！后来，渔民们总算把湿漉漉、长达一千两百英尺的渔网在船底重新堆放好，毫无疑问过去这一小时的重体力劳动都是徒劳。直到这时，那渔民才意识到鲭鱼逃走到底意味着什么。

* * *

经历了一场始于围网底部的疯狂大逃亡后，鱼群便四散开来。等到夜晚将尽，那些见识过围网威力的鱼儿才又聚到一处安静地觅食。

黎明将至，海上大部分围网渔船都已西行，它们的身影慢慢淹没在漆黑的夜色中。现在水面只余下一条船，可惜它整晚都不走运，六次置网，其中五次都因鱼群游往深处而一无所获。东方渐白，昏暗的水面也开始泛起银色的微光，形单影只的渔船成了海上唯一移动的物体。船上的渔民还想再置一次网，期待着那些因夜间撒网而逃入深水区的鲭鱼天亮时还能再游来水面。

时间一分一秒地过去，东面渐渐亮了起来。渔船上高耸的桅杆和舱面船室的轮廓越来越清晰；阳光洒向后面跟着的拉网船的船舷，接着消散于那一大堆被海水浸黑的渔网间。晨光照亮了连绵起伏、不算汹涌的海浪高处，却将波谷留在了阴影里。

两只三趾鸥从暗处飞来，现在就停落在桅杆上，正等着渔民收获，再将鱼儿分拣出来。

西南方向四分之一英里处，一抹幽深的、形状不规则的暗影从水面浮现——正是缓慢地向东方行进的洄游鲭鱼群。

海上仅余的这组渔船立即改变了航线，行至鱼群前面。渔民们熟练地操纵着小船，网很快便撒下了。他们急迫地将配重铅块投入海里，让它随括纲下滑，同时拖拽钢索从而合拢渔网的底部。渔民们一点点收回渔网松垮下来的部分，于是网内的鱼被驱赶到网中央最结实的区域。现在大船来到拉网船的旁边，将大团松弛的网布收回并安放在船上。

围网的网囊已收向拉网船旁边的海面，三四个一组的浮子系在围网的浮子纲上，网囊便得以漂浮于水面。网里有几千磅重的鲭鱼，大部分是体形硕大的成年鱼，此外也有一百多条“大头钉”，即当年生的鲭鱼。它们在新英格兰的海港里度过悠悠夏日，直到最近才来到这片开阔的汪洋大海。这些小鲭鱼中，也有斯科柏的身影。

一种用麻绳编织而成、形如长柄木勺的网子（或称抄鱼网）正被移动到围网上方。接着，渔民将它伸进围网里不断扑腾的鲭鱼中间，再用滑轮升起盛满鱼的网子，最后在甲板上倾倒一空。现在，数十条柔软的、肌肉发达的鲭鱼在地板上弹动着，精致的鱼鳞闪烁着彩虹般炫目的光。

网里的鱼有些不对劲，它们从底部翻腾着跃起的样子很不寻常，像是迫不及待地跳进抄鱼网里。落网的鱼儿通常会推动着渔网向下沉，试图通过下潜使渔网也能够被海水淹没。但这些鱼显然害怕水下的什么东西，某种比身旁的大船更令它们感到惊恐的东西。

围网之外的水域里出现了一阵强烈的扰动。一段小小的三角形鱼鳍和一截长长的尾巴浮出水面。忽然间，渔网边数十道鱼鳍环绕过来。其中一条鱼身长四英尺、身形纤细呈灰色、嘴巴生于吻部的尖端之下，现在正越过浮子纲，摆动着身体在落网的鲭鱼之间冲撞啃咬。

来者是狗鲨。现在每条小鲨鱼都在暴虐地撕咬围网，急切地想要捉住里面的鲭鱼。它们锋利的牙齿撕扯着结实的网绳，仿佛渔网不是用麻线而是用薄纱织成的。很快，网就被咬出了许多大口子。网里一度异常混乱，由浮子纲包围起来的水域成了近乎沸腾的漩涡——跃动的鱼身、啃咬的牙齿，闪动的绿色和银色身影在这方水域里厮杀得难解难分。

这场骚动来得突然，又戛然而止。鲭鱼顺着网绳间的口子鱼贯而出，飞速逃离这方混乱的水域。它们疾驰的影子一晃而过，最终消失在大海里。

* * *

那队得以逃离围网和狗鲨突袭的鲭鱼中也有斯科柏。那天晚上，在前辈的引导和鱼儿强大洄游天性的召唤下，斯科柏穿越了一片常设有刺网和围网的水域，朝着远洋的方向迁徙了数英里。它选择在深海游动，不再怀念夏季苍白的海水，而是沉醉于不断加深的碧波间，沿着新奇的水路前行。斯科柏始终朝南面和西面游动，旅途的终点也是它不曾去过的地方——弗吉尼亚海角一带的大陆架边缘，一处幽深静谧的水域。

待斯科柏赶到时，恰是冬天。

下篇　河流与海洋

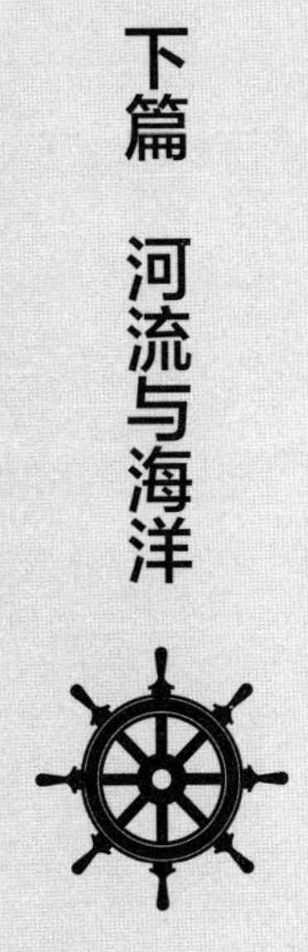

第13章　入海之旅

有一方池塘位于山坡下。山上树木繁盛，生长着花楸、山核桃、栗橡以及铁杉树，树木交错的根部吸饱了雨水，深深扎进海绵般松软的腐殖土里。池塘西面山坡的高处孕育了两条山溪，溪水淌过布满岩石的溪床一路向下，最终汇入池塘。香蒲、芒刺芦苇、灯芯草、梭鱼草扎根于池塘岸边的软泥间，池塘与山脚相连的那一侧，草叶半身都已被池水淹没。沿池塘东岸潮湿的土地上长着柳树，池水溢满流向这里，漫过边缘草叶茂盛的水道，一路汇入大海。

光滑的池水四周经常泛起涟漪，那是闪着光的鲮鱼或其他种类的小鱼触碰水面激起的微波；有时栖息在芦苇和草丛间的小型水生昆虫在池边疾行而过，也会引得水波荡漾。这方水塘叫作“池鹭塘”，因为每年春天都有娇羞的鹭鸟飞来池塘边的芦苇荡里筑巢。它们奇特、如同啜泣般的叫声在香蒲丛中传响，池鹭自己却藏身于光影之间。人们只闻其声，还以为是池塘里素不露面的仙灵发出的声音。

一条鱼从池鹭塘游到大海需要穿越两百英里的水路。前三十英里是狭窄的山溪，中间七十英里是位于滨海平原上一条缓慢流淌的河流，最后一百英里则是半咸水的浅湾，那里自数百万年前就是河海之交，海水由此漫向河口。

每年春天，都有许多小生物从海里出发，沿着草叶丛生的水路上溯来到池鹭塘，完成全程两百英里的旅途。这些动物形状奇特，像纤细的玻璃棒，长度还不及人类的手指。它们是生于深海里的小鳗鱼，或者叫幼鳗。有些鳗鱼会一路游到高处山间，但也有些留在池塘里，它们以淡水螯虾和水甲虫为食，也会捉些青蛙或小鱼，日复一日地在池塘生长直到成年。

* * *

进入深秋岁末，月相才从峨眉月变为下弦月。数场雨后，山间的溪流水势浩大。汇入池塘上游的溪水又深又急，冲刷着溪床里的岩石奔流入海。外溢的水流搅动着下游的池塘，扫过茂盛的植被，在螯虾洞穴的上方卷起漩涡，沿着池塘边缘的柳树树干冲到六英寸高处。

薄暮时分，秋风渐起。一开始和煦的微风吹皱了池水，水面泛起天鹅绒般丝滑的涟漪。到了午夜，疾风阵阵，草丛开始剧烈地摇摆，已经干枯的草穗沙沙作响，水面也被强风刻下重重的波痕。风从山坡上呼啸而过，横扫沿途的橡树、山毛榉、山核桃树和松树，朝着东面猛吹，面对两百英里外的大海咆哮。

池水奔涌着从池鹭塘里溢出来，这时，鳗鱼“安圭拉”好奇地凑向迅疾的水流。它敏锐的感官察觉到池水的味道和气息都有些异样。那是凋零的秋叶被雨水浸泡后散发的苦味，也是树林苔藓、地衣和有植被扎根的土壤腐殖质的味道。散发着腐败气味的池水掠过鳗鱼的身体，一路奔腾着汇入大海。

十年前，安圭拉还是条手指长的幼鳗时便来到池鹭塘，之后在这里度过了数个春秋冬夏。与其他鳗鱼无异，安圭拉也是夜行动物，它白天藏于水草间，晚上在池水中潜行。它熟知螯虾的每一处洞穴，这些小洞在山脚下的泥滩里留下蜂巢状的纹路；它了解要如何在摇曳生姿的睡莲间穿行，这些睡莲茎部坚韧、厚实的叶片上时有青蛙停落；它清楚去哪里寻找叫声尖利、紧贴着草叶栖息的春雨蛙——春季丰沛的池水从植被茂盛的北岸漫溢出来，春雨蛙就藏在那里。安圭拉能够找到池塘边常有河鼠出没的地带，这些老鼠会叽叽喳喳地相互追逐，或在嬉戏或在愤怒地扭打，有时忽然落水，正好成了在水下潜行的鳗鱼唾手可得的猎物。安圭拉也熟悉池塘那柔软、泥泞的底部，到了冬天它只要栖息在池底便可远离严寒，毕竟所有鳗鱼都偏爱温暖的环境。

现在又逢秋季，冰冷刺骨的雨水沿着山脊飘入池塘。安圭拉心中一种从未有过的不安感日渐滋长。这还是成年以来它第一次忘记饥饿，它的身心已全然被一种陌生、新奇、无影无形又难以名状的冲动占据。它只隐约觉得那是一种对温暖和黑暗环境的渴望，那里应该是一个比池鹭塘最深的夜色还要漆黑的地方。安圭拉刚刚降生时曾到过那里，但那时它还没有记忆，因而现在也无从得知要游出池塘的出水口才能到达它想去的地方，十年前它正是沿此路游来池塘的。但就在这个狂风暴雨席卷水面的夜晚，安圭拉难抵诱惑，游向池塘的出水口，池水从那里奔流入海。等到凌晨三点，农场里的公鸡开始打鸣时，安圭拉正顺势滑入漫溢的水流中，往下游而去。

即使上方水流如洪，眼前这条山溪的水仍不深。溪流形成的年月不长，现在潺潺的水声、水流拍打石头的响声和石块之间的摩擦声正在溪流周围回荡。安圭拉循着溪水的方向，通过感知迅疾的水流带给身体的压力变化探寻前路。它毕竟习惯夜间活动，因此眼前漆黑一片的水道也并不会使它迷茫或惊慌。

这段五英里长的水路溪床粗糙、巨石散落，其间地势下降了一百英尺。行至最后一段，溪流滑入两山之间一道深深的沟壑，它是由数年前一条更宽的溪流冲刷而成的。两侧的山上长满了橡树、山毛榉和山核桃树，溪水就在交错的枝丫下流淌。

破晓时分，安圭拉来到一处明亮的浅滩，在那里溪水冲刷着沙砾和碎石发出嘈杂的响声。前方的水流突然加速，迅疾地涌向一道十英尺高的瀑布边缘。瀑布依着陡峭的石壁奔腾着冲入底部的水潭。水流裹挟着安圭拉沿着陡峭、微微倾斜的白色瀑布陡降潭中。水潭因瀑布数百年来不断冲刷岩石而成，深不见底，沉寂寒凉。水潭边缘遍布深色的苔藓，淤泥间也有轮藻扎根，它们圆形、脆弱的茎部可以吸收石头上的石灰质，因此得以蓬勃生长。安圭拉就藏于水潭的轮藻间，但明晃晃的水流令它不适，它想找一个可以躲避阳光的地方。

安圭拉来到水潭还不到一小时，另一条鳗鱼便顺瀑布而下，来到草叶深处寻觅漆黑的容身之所。这条鳗鱼自山坡更高处滑落，但上游的溪流水浅且多岩石，一路上它的身体多次被割伤。发育成熟前它已经在淡水里多生活了两年，因此与安圭拉相比，它的体形更大也更加强壮。

一年多以来，安圭拉都是池鹭塘里最大的鳗鱼，所以当它看见那陌生且更为健硕的同类游来时，便向深处潜行，躲进了轮藻之间。随着安圭拉的游动，原本僵直、富含石灰质的轮藻茎部左摇右摆，惊起了三只落于其上的划蝽，它们各自用分节的足牢牢扣住藻茎，那足上还长着成排的缘毛。轮藻茎部覆盖着一层鼓藻和硅藻，划蝽原本在那里觅食。这些昆虫的体表包裹着一层闪亮的空气薄膜，哪怕是潜入水下，它们也带着这层空气膜。直到鳗鱼游过，搅扰了它们静谧的觅食地，划蝽便如同气泡一样飘离水面，因为它们身体的密度比水还小。

现在，又有一只昆虫来到水潭。它的身体像树枝残片，生有三对分节的足，时而行走于水面漂着的树叶上，时而直接在水上滑行，仿佛脚下是坚韧的绸缎。踩水时，它们会在水面留下六道凹痕，却又不至于扰动池水，毕竟这种昆虫的体重实在太轻。这是只尺蝽，也叫“沼泽行者”，因为它们通常生活在沼泽地里的水苔深处。现在尺蝽正在觅食，它四处张望，寻找从潭底游来水面的、像是孑孓或是小型甲壳动物一类的生物。就在一只划蝽突然从尺蝽脚边的潭水划过的瞬间，形似树枝的尺蝽立即用尖利的刺吸式口器刺穿了划蝽，又吸干了它小小的身体。

安圭拉发觉那条陌生的鳗鱼一直往潭底厚厚的枯叶里钻，于是它决定退守瀑布后一方黑暗的隐蔽处。安圭拉的头顶是陡峭的岩石，岩石表面绿油油的满是苔藓，它们的叶子虽然避开了飞流，但总有细密的水滴溅起，因此这些叶片总是湿漉漉的。春天，蠓飞来这里产卵，它们在湿润的岩石上方旋转，接着轻薄、白色的卵便被一团团地洒在岩石表面。待蠓卵孵化、小蠓蚊长出薄纱般的翅膀从瀑布间蜂拥而出时，一些眼神敏锐的小鸟便盯上了它们。鸟儿立于低垂的枝头，见猎物飞来会大张着嘴巴冲入一团团蠓蚊中。现在蠓都不见了，不过仍有其他小动物环绕在碧绿、潮湿、茂密的苔藓间，那些是甲壳虫、水虻和大蚊的幼虫。这些小虫身体光滑，没有进化出倒钩和吸盘，也不具备扁平的流线型身材，因此它们不能像与之有亲缘关系的飞虫那样生活在上方瀑布边缘的湍急水流间，也不能停落在十几英尺远处潭水溢满涌向溪床的地方。尽管这些幼虫的栖息地距离那帘近乎垂直入水的瀑布仅有数英寸，但它们仍对飞流之急、之险毫不知情。在它们那方安宁的小世界里，水流不过缓缓渗入茂密、绿油油的苔藓“丛林”而已。

伴着持续两周的雨水，树叶也开始大规模飘零。漫天的秋叶日夜不停地飞落，它们的脚步如此轻盈，落地那一瞬间的簌簌声比老鼠轻轻擦过地面还要微不可闻，也不及鼹鼠穿行于树叶堆积的松软小径时发出的声响。

一队翅膀宽大的鹰一整天都在顺着山脊往南面飞。一路上，它们甚少拍打双翼，因为可以借助上升气流的力量——西风扑向山丘又越过山头吹来，刚好承托它们的身体。这队鹰正处于秋季迁徙的途中，它们从加拿大飞来，顺着阿巴拉契亚山脉飞行，以便借助风向让旅途轻松些。

薄暮时分，林间开始响起鸮的啼鸣，安圭拉也离开水潭只身向下游去。很快，溪水淌过起伏的田野，流经两道被微弱的月光映得发白的小型水闸。安圭拉依次越过这两道水闸，等过了第二道，它便游到岸边一块凸起处的下方歇脚。在那里，湍急的水流不断冲刷两岸，于是宽厚、植被茂密的溪岸下方被侵蚀出一道凹槽。溪水拍打着水坝上那些倾斜的板子，发出刺耳的响声，安圭拉闻声有些惊慌。待那条与它同游过瀑布水潭的鳗鱼也途经水闸向下行进时，在溪岸逗留的安圭拉便紧随它的脚步，任凭溪水带着自己跌跌撞撞地游过浅滩，迅速滑过更深的下游水域。它知道一路上身旁常有幽暗的身影出没，那是它的同类。这些鳗鱼分别来自上游不同的溪流，而这些溪流统统汇入眼前的干流。与安圭拉一样，那些身形细长的鳗鱼也任凭湍急的溪水裹挟，由着水流加快它们行进的速度。所有与安圭拉同行的洄游鳗鱼都是雌性，因为只有雌性才会上溯到淡水溪流，远离海洋环境。

那一晚，鳗鱼几乎是溪流里唯一游过的动物。溪水流经一片山毛榉时猛地转弯，溪床也被急流冲刷得更深。待安圭拉游入这汪圆形的水域，几只青蛙正从柔软泥泞的岸边跳入水中。它们先前在岸边一截横躺的树干旁停坐，半身探出水面，半身藏在水里。青蛙之所以惊起，是因为一种披着毛发的动物在逐渐靠近。微弱的月光下，隐约可见它的脸部中央黑黑的，尾巴也长有一圈圈黑色的纹路，像人类一样会在松软的泥土上留下脚印——原来是一只浣熊。它住在附近一棵山毛榉高处的树洞里，常捕食溪流间的青蛙和淡水螯虾。尽管浣熊靠近时，几只青蛙落荒而逃，引得水花四溅，但浣熊仍对捕猎很有把握，因为它知道这些愚蠢的猎物会藏身何处。浣熊走向那棵倒下的大树，在树干上趴卧下来。它的两只后爪和左前爪紧紧抓住树皮，右前爪则尽其所能地探向水下深处，敏感的手指片刻不停地在树干下方的枯叶和泥土间搜寻。几只青蛙拼命钻到堆积着枯枝落叶和其他残败杂物的溪底，与此同时，浣熊则耐着性子用爪子翻开落叶，掘起泥土，将手指探入每一个孔洞和缝隙里。很快，浣熊的指尖触碰到一只小而结实的青蛙，也察觉到它突然间动了一下想要挣脱。于是浣熊紧紧抓住猎物，迅速将它拖出溪水，丢在那截树干上。接着，它取了青蛙的性命，再将青蛙浸在溪水里洗净，最后才吞吃入腹。待浣熊美餐一顿后，月光下出现了另外三只浣熊的身影，它们与先来的那只同属一家——其中一只是它的伴侣，另两只是它们的幼崽——这几只浣熊也是来树旁寻找晚餐的。

现在，安圭拉好奇地将吻部凑向木头下的那堆枯叶间，这只是天性使然，但也确实令青蛙更加惶恐。若是在池鹭塘，它定不会放过这些猎物，但如今安圭拉并没有烦扰它们，因为它早已忘却饥饿，只想听从内心一种更强大的天性的召唤，置身于奔赴大海的溪流之间。当它滑入溪水中央的那股水流并随之途经木头的一端时，浣熊幼崽和它们的母亲正来到树干上。现在，四只浣熊都凝视着水面，打算在这一带捕食更多的青蛙。

行至清晨，山溪两岸渐宽，溪床也加深了。溪水在开阔的林地间穿行，两旁的悬铃木、橡木和山茱萸在水面投下倒影。秋叶逐水飘零，为溪流平添了几分色彩——橡木那脆裂的叶片是亮红色；悬铃木那斑驳的树叶黄绿相间；山茱萸那极富韧性的叶子深红一片。秋风猛烈，山茱萸叶已落尽，枝头仍缀着鲜红的果实。前一天旅鸫还成群地飞来享用这些果子，不过今天它们已往南去；取而代之的是一群椋鸟，它们在树丛间横扫而过，在一片欢声笑语中剥食山茱萸的果实。现在椋鸟已经换上明亮的冬羽，胸口每根羽毛的尖端都呈白色。

安圭拉沿着溪水游至一汪浅池。十年前，一场秋季风暴将一棵橡树连根拔起，随后大树横亘于溪流之上，成了一道天然水坝，也就此隔绝出这方水池。同年春天，安圭拉还是条幼鳗时便已从大海去往上游了，因而这里对它来说很是新鲜。杂草、淤泥、木条、枯枝等诸多废弃物遍布硕大的树干四周，填满了每一条缝隙，池里的水也越积越深，足有两英尺。现在正逢满月，鳗鱼几乎像害怕阳光一样畏惧那月白色的光辉，于是便不敢往前游了。

泥泞的浅池里生活着许多钻来钻去、貌似蠕虫的幼体，它们是幼年的七鳃鳗，不属于真正的鳗鲡，而是种形似小鱼的生物。七鳃鳗的骨骼不是坚硬的骨头，而是软骨。它们圆形的口中长有牙齿，且由于不生颌骨，口部只能常开。一些小七鳃鳗在池里孵化也在池里长大，四年过去了，它们大部分时间都藏身于浅水泥滩里，既无视力也没长出牙齿。这些相对成熟的幼体大约有人类手指的两倍那么长，直到今年秋天才会长到成年七鳃鳗的体形并发育出视力，也因此得以一睹水下世界的真容。现在，它们与真正的鳗鱼一样，都感受到了那潺潺入海的水流正召唤着它们随之而去，前往下游咸涩的海水中开启一段海洋之旅。在那里，它们将以半寄生的方式寄生于鳕鱼、黑线鳕、鲭鱼、鲑鱼和其他鱼类身上，并终有一天像它们的祖辈那样回到河流产卵、死去。每天都有数条小七鳃鳗越过橡木滑向下游，等到某个多云的傍晚，雨水间白茫茫的雾气笼罩在溪流上方，鳗鱼也跟随着七鳃鳗的脚步游走了。

次日夜里，溪流经过一座柳林茂密的岛屿，溪水就此分岔。鳗鱼游入岛屿南面的水道，滑过宽阔的泥滩水底。小岛已历经几个世纪的风雨，初时，溪水在汇入干流前先将水里的大量泥沙冲积到这一带；之后草籽在此生根，水流和过往的鸟儿又带来了树木的种子；洪水卷着断裂的枝条涌来，于是旧枝发出了新芽。终于，一座柳林之岛诞生了。

鳗鱼随溪水汇入干流时，正是黎明时分，大河灰蒙蒙的。河流深达十二英尺，因众多支流伴着秋雨倾泻而至，河面愈发显得滂沱浑浊。虽是白天，但鳗鱼却并不像畏惧明亮的山间浅溪那样惧怕这条阴沉沉的水道，因此它们并未停歇而是继续往下游行进。河里还有许多来自其他支流的同类，随着鳗鱼越聚越多，它们也愈发兴奋。时间一天天过去，鳗鱼休息得更少了，在某种狂热冲动的驱使下，它们不断向下游逼近。

河面渐宽、河床渐深，水里开始出现一种奇怪的味道。略微发苦的河水不断从鳗鱼的嘴里流入再经鳃流出，并且苦味还会在白天和夜里的特定时间加重。随着苦味而至的还有一种鳗鱼不熟悉的水流涌动——有时逆着河水的方向形成一股阻力，有时阻力淡去转而又加速了河水的流动。

河里伫立着几组细长的杆子，杆子相隔一定的距离设置，横向对齐，朝河岸倾斜，最终围成一个漏斗形。杆子之间拉着渔网，网从水面上方露出几英尺宽的一截来，上面因挂满湿滑的水藻而发黑。常有海鸥停落在网上，它们等着渔民前来收网，这样便可捡拾几条渔民丢弃或是落下的鱼。连接建网的杆子上附有大量藤壶和小牡蛎，毕竟这一带水流的盐分已经足够这些贝壳动物生长了。

有时河边的沙坑里有体形娇小的滨鸟停落，它们或是在歇脚，或是探向岸边搜寻蜗牛、小虾、蠕虫和其他食物。滨鸟多栖息于大海边缘，若是它们纷纷现身，那意味着不远处就是海洋了。

河水里那股奇怪、咸苦的味道越来越浓，潮水的涌动也愈发强烈。顺着一股退潮，一队身长均不足两英尺的小鳗鱼从半咸水的沼泽里游出，也加入了顺山溪而来的迁徙大军。沼泽里的那些都是雄鳗，它们一直待在海潮可及的半咸水水域，从未到访过上游河流。

所有洄游鳗鱼的外表都发生了惊人的改变。在淡水里时，它们还身披橄榄棕色的外衣，而如今它们体表乌黑，泛着光泽，腹部则呈银色——这是即将入海的成熟鳗鱼所独有的颜色。鳗鱼的身体结实滚圆，体内储存了大量脂肪为它们的整段海洋之旅提供能量。许多洄游鳗鱼的吻部渐高渐扁，这可能与它们的嗅觉变得敏锐有关。鳗鱼的眼睛也有往日的两倍大，或许是在为踏上愈发幽暗的下游水路做准备。

河水渐宽，前方就是入海口了。大河南面是一道高耸的黏土峭壁，峭壁下埋藏着上千颗年代久远的鲨鱼牙齿、鲸鱼脊椎骨、软体动物的壳，这些残骸早在数亿年前第一批鳗鱼从大海里游来时便已形成。牙齿、骨头、贝壳都是远古时期的遗迹，那时沿海平原尚为温暖的海水所覆盖，于是动物死去后坚硬的骸骨便留在这里的泥滩底。骸骨在黑暗中度过了数百万年，无数场暴风雨后，它们终被冲向地表，从此沐浴在阳光下、浸润在雨水里。

近一周以来，鳗鱼都在水湾赶路，匆忙穿行于愈发咸苦的水流中。这一带水流的律动与大河或海洋都不一致，而是受其他因素的主导——水湾入口处众多支流卷起的漩涡，以及埋藏在三四十英尺深的泥滩底部的那一处处孔洞。较之涨潮，退潮的水湾更加汹涌澎湃，因为涨潮时海水会与湍急的河水形成一股对抗力，从而缓和水势。

终于，安圭拉来到了入海口。与它同行的还有数千条鳗鱼，它们与其所托身的水流一样，都来自方圆数千英里的山脉和高地，来自每条经水湾入海的溪涧与河流。鳗鱼经水湾东岸一条幽深的水道游来，往陆地尽头那一大片盐沼而去。盐沼未及大海的一端是一汪辽阔的长形浅滩，其间散落着一簇簇绿色的沼泽水草。现在，鳗鱼就聚集在盐沼中，伺机而动。

次日晚上，强劲的东南风从海上吹来。很快，潮水上涨，在强风的助推下，海潮涌向水湾，又从水湾蔓延出去，流进沼泽。那一晚，诸如鱼儿、鸟类、螃蟹、贝壳等所有沼泽里的水生生物都尝到了海水的苦涩。在海风的吹动下，排山倒海的潮水冲向水湾，潜在深处的鳗鱼也在品味水中越来越强烈的咸味，那是属于大海的味道。现在，鳗鱼已经准备就绪，迎接它们的将是深海和海里的一切。鳗鱼的淡水生活就此画上句号。

海风强劲，甚至超过了日月的引潮力。及至午夜后一小时，潮水转向，底层海水开始退去，而狂风卷着自海面至相当深度的层层海水仍不断涌来，在沼泽里越积越高。

落潮不久，鱼群便顺水而动。生命之初，鳗鱼曾经历过这样奇特而强烈的大规模水流起伏，不过它们早已忘却了，以至于一开始鱼群在退潮里有些瑟瑟缩缩。随后，潮水将它们带到一条夹在两座小岛之间的水道，又载着它们来到一方港湾，那里停靠着采牡蛎的渔船，船儿正静候天明，那时鳗鱼也将去往更远处。一路上，鱼群随着潮水游过倾斜的、标记着入海水路的柱形浮标，游过沙石浅滩上的鸣哨浮标和打钟浮标，再前方是两座岛屿中较大一座的背风岸，鱼群潜向岸边，一束长长的光线从闪光的岛上灯塔射向水面。

岛屿的沙嘴处传来滨鸟的阵阵啼鸣，它们正在黑暗中循着退潮进食。鸟鸣声与海浪声标志着这里已是陆地的尽头、大海的边缘。

在灯塔光线的映照下，碎浪带里白色的泡沫正在黑压压的水面上翻腾，鳗鱼挣扎着穿行其间。等过了这段深受风力影响的海域，水势便和缓了许多。随后，鱼群循着倾斜的沙质滩底潜入深水里，总算摆脱了海面的狂风大浪。

鳗鱼自退潮便离开沼泽奔赴海洋。那一晚，数千条鳗鱼——所有先前停留在沼泽里泛着银光的生命——纷纷游过灯塔，迈出了远洋之旅的第一步。它们穿行于海浪间又渐行渐远。这也意味着鱼群已离开人类的视线，前路几乎不为人知。

第14章　冬日港湾

鳗鱼入海后的第一个月圆之夜，白雪乘着西北风飘落水湾。积雪茫茫，绵延数英里，覆盖了山脉、峡谷和每一条经由沼泽平原蜿蜒入海的河流。翻滚的层云横扫水湾上空，水面的风声呼啸了整夜，雪片刚一落下转瞬便消失在漆黑的海水里。一天之内，气温骤降了20℃。次日一早，潮水从入海口退去，泥滩上方凡水流所及之处，皆迅速凝结成冰。退潮也不复汹涌，只是薄薄的一层流过冰面，最后一股潮水甚至没来得及退向大海便结冻了。

滨鸟也静默了。不管是矶鹬叽叽喳喳的叫声还是鸻鸟清脆的啼鸣都消失于风雪中，现在天地间只余下呼号的风声席卷盐沼和潮滩。往常，滨鸟会赶在潮水退尽前飞往水湾的边缘，在沙滩上觅食；但今天，它们早在暴风雪到达之前便飞走了。

清晨，风雪仍在肆虐，一群长尾鸭乘着西北风而来。这些尾巴长长的小动物非常熟悉冰雪与寒风，现下正在风雪间取乐。雪片纷飞，长尾鸭发出嘈杂的叫声，因为它们望见了前方标志着入海口的洁白灯塔高高耸立着，而灯塔之外，就是灰茫茫的大海。长尾鸭深爱着海洋，它们在海上过冬，在遍布贝壳的浅水区捕食，夜夜在碎浪带以外的开阔海面休憩。现在，它们穿行于暴风雪间，宛如深色的雪片俯冲到入海口，奔向紧邻大片盐沼的浅滩。一整个早上，长尾鸭都急切地潜入二十英尺深处贝壳密布的海底，享用藏在那里的黑色小贻贝。

诸如海鳟、石首鱼、斑点鱼、巴斯鱼和夏季鲆等近海鱼还留在与水湾入海口有一段距离的深处洞穴里。这些鱼在水湾里度过了漫漫夏日，有些还在这一带的洼地、河口或是深处的孔洞里繁殖产卵。退潮时，流刺网沿水湾底部滑过，幸运的鱼儿逃脱了被网挂住的厄运。不止如此，它们还躲过了水里的建网那重重迷宫般的捕鱼陷阱。

现在，严寒笼罩着水湾。浅滩之上一片冰封景象，汇入此地的支流之前也流淌于寒冷的山间。于是群鱼奔赴大海，慢慢唤醒身体里有关海洋的记忆——那自入海口缓缓倾斜绵延的海底平原、温暖静谧的海水以及河海之交那蓝色的傍晚。

暴风雪来临的第一晚，一队海鳟鱼受困于严寒，停在了水湾靠近沼泽一侧的浅处。水因太浅很快就冷的刺骨，而海鳟是喜爱温暖的鱼类，严寒中它们动弹不得，只能暂且藏于水底，几乎没了半条命。及至落潮，海鳟已无力随潮水而去，被迫留在越来越疏浅的河水里。第二天一早，整片水湾表面已结了一层冰，就这样，近百条海鳟命丧于此。

同样身处严寒，另一队海鳟却逃过一劫，它们的藏身之处是盐沼远端的深水区。这队海鳟赶在两场涨潮之前从水湾高处的觅食地一路向下，来到一条直通海洋的水道。落潮时分，潮水自上游河流而下，浅滩和泥地里的水也几乎尽数流走，及至涌向那条海鳟栖身的水道，也将水中的寒意带给了它们。

前方的三条河谷连成一串，形如一只巨大的海鸥脚印重重地踩在入海口柔软的沙滩上。海鳟游向其中一道峡谷，进入一条更深的水道。它们循着水道底部不断下行，一步步抵达更加静谧温暖的深处，那里茂盛的海草随潮水摇曳生姿。相较于先前倾斜的浅滩底部，这一带潮水的压力小了一些。涨潮时剧烈的水流起伏仅限于表层水域；落潮时，潮水沿着峡谷底部一泻千里，搅动起海底的泥沙，空荡荡的鸟蛤壳跌跌撞撞地顺着和缓的斜坡滚向更深处。

海鳟刚来到水道入口，身下便游过一群蓝色的小螃蟹，它们来自水湾上游，现在正滑过浅滩坡底，寻找深处温暖的洞穴以便过冬。螃蟹爬至水湾底部茂密的水草间，那里也是其他虾、蟹、小鱼的栖息地。

海鳟赶在夜幕初降、大潮将落时进入水道。接下来的几小时，也有其他鱼类乘着落潮经由此路向海洋进发。它们紧贴海底在水中穿行，身侧成簇的海草因数不清的鱼儿游过左摇右摆。这是一群石首鱼，它们为了躲避严寒从周围各处浅滩游来。鱼群在海鳟身下结成上下三四层的队伍，享受着比浅滩里暖和许多的海水。

清晨，水道宛如一片浓重的绿色迷雾，水中泥沙夹杂，前路模糊不清。上方十英寻处，最后一股涨潮将红色的纺锤形浮标推向西面，对于从海上驶来的船只而言，这些浮标标志着进入水道的起点。浮标随着波涛倾斜翻转，下方有锚链相连。现在海鳟行至三条水道的交汇处——海鸥脚印中的足跟或距部直指海洋的位置。

又逢落潮，石首鱼已顺着水道游往海洋，寻找比水湾更加温暖的所在；海鳟则仍在此地徘徊。

退潮将尽，这时一群西鲱鱼势如疾风，自水道匆忙入海。它们大约长如手指，身上覆有白金色的鳞片，今春才在上游的支流里孵化出生，现下是同类中最后一批离开水湾的。早有数千条当年生的小西鲱途经浅滩和半咸水的水湾去往浩瀚大海，于它们而言那里是全然未知与陌生的世界。眼下，最后一队西鲱鱼正在水湾入海口咸苦的水流中快速前进，海水盐分那股奇特的味道和海洋起伏的韵律都令它们欣喜若狂。

雪停了，但西南风仍未休止，雪片越积越高，露在表面的那层薄雪在风中纷飞起舞。严寒刺骨，所有狭窄的河流都已结冰，采牡蛎的渔船也困在了海港里，水湾边缘已被冰雪封冻。落潮将上游的河水带去下游，海鳟停留的那条水道愈发寒凉。

暴风雪后的第四晚，皎洁的月光洒向水面。在海风的吹动下，整片水湾明镜般的表面都碎裂成片，闪动着粼粼波光。这一晚，数百条鱼来到先前那队海鳟的上方，穿行于幽深的水道中朝海而去，在银色光幕般的水面上投下昏暗的身影。这些过客也是鳟鱼，它们先前藏身于水湾上游十英里远处一个深达九十英尺的坑洞，那里是一条古老河道的一部分，后来在水湾形成时为海水所淹没。现在，先来的洄游鱼群——那队在形如海鸥脚印的水道里徘徊的鳟鱼——也加入了自上游深坑而来的迁徙大军，共同向海洋进发。

告别水道后，鳟鱼来到一片沙质山丘连绵起伏的水域。这些海底山丘比岸边多风带的沙丘更加不稳定，毕竟海底山丘的四周没有海燕麦或沙丘草扎根，因而无法阻隔自大西洋深处涌来又翻越大陆坡而至的深海海浪。有些海底山丘坐落在水面下方仅几英寻深处，风暴每每袭来，成吨的沙子便会迅速发生位移——堆积或是流走，全程耗时不过海潮上涨一次所需的时间。

在海底山丘畅游一日之后，鳟鱼群来到一处被潮水冲刷平整的海底高原，这也意味着那段沙丘绵延的海域已到了尽头。高原半英里宽，两英里长，一侧有陡坡通向碧绿的深水间，顶部距离水面仅三十英尺。一次，西南风卷着一股汹涌的海潮改变了滩底沙丘的位置，一艘载着一吨鱼的纵帆船也因此失事。失事船只“玛丽 B 号”的残骸仍在，但残骸下的沙子早已随水流走。海草从帆船的桅杆和桅顶旁长出，长长的绿色草叶延伸至水中——涨潮时倒向陆地，退潮时倒向大海。

“玛丽 B 号”的部分残骸掩埋在沙子间，船体朝着陆地方向与海底形成一个四十五度的倾角，茂密的海草从船只压在下面的一侧，即右舷长了出来。失事时，那原本用于封闭帆船货舱的舱盖被水流冲走，于是货舱仿如一个建在倾斜甲板上的幽暗洞穴。船只沉没时，一部分存货留在舱内，但经螃蟹扫荡后便只剩下半舱的鱼骨头。令“玛丽 B 号”搁浅的巨浪同时打碎了甲板室的窗户，于是这里成了小鱼过往的通道。这些鱼儿就在船只残骸附近生活，以四周生长的草叶为食。银色的突颌月鲹、白鲳鱼和鳞鲀常结成小队经窗户进进出出，络绎不绝。

“玛丽 B 号”于方圆数英里内的海域而言，如同沙漠中的生命绿洲。无数弱小的海洋生物，特别是小型无脊椎动物从此有了依附之所；固着了小生物的桅杆和木材成为小鱼的“粮仓”；大型捕猎者和过往鱼类也得以藏身此处。

天色渐晚，海鳟慢慢靠近这堆幽暗、庞大的船只残骸。它们先是在船体周围捕食了些小鱼小蟹，以此缓解自寒冷的水湾出发后一路长途急行带来的饥饿感，接着海鳟便在“玛丽B号”杂草丛生的木材间歇下了。

* * *

鳟鱼在船体上方休憩，先时它们已昏昏沉沉，后来干脆睡了过去。深处的海水爬过大陆坡，稳稳地涌向滩底，海鳟轻柔地摆动鱼鳍，以此保持自己与船体和同伴间的距离。

黄昏时分，甲板室的窗户和腐木的孔洞里不见了小鱼蜿蜒出入的身影，它们已经各自散去，在船体周围歇息。冬季入夜更早了，于是生活在废船里或船附近稍大些的捕猎者很快便被夜色唤醒。

一条长长的蛇形臂腕正从漆黑的货舱里伸出来，上面的两排吸盘紧紧抓住甲板。接着一个黑影从舱里爬了出来，它的八条臂腕逐一现身，吸附在甲板上——那是只住在货舱里的大型章鱼。章鱼穿过甲板，滑入甲板室那堵矮墙上方的隐蔽处，打算藏身此地开始今晚的捕猎。它倚在老旧、杂草丛生的木材旁时，臂腕一刻不停地朝各个方向延伸，在每条熟悉的裂缝里搜寻警惕性不高的猎物。

不久，一条小隆头鱼顺着甲板室的墙面游来，它正专注于啃食眼前的水螅虫，这些水螅虫连成一片，宛如附着在木头上的苔藓。隆头鱼丝毫没有意识到危险的存在，离章鱼越来越近。章鱼却仍在等待，它盯紧猎物移动的身影，臂腕保持不动，直到隆头鱼游到甲板室的一个角落，身体和海底呈四十五度角。这时，章鱼伸出一条长长的触手从猎物停留的角落一挥而过，用敏感的腕尖缠住了隆头鱼。隆头鱼拼尽全力想要挣脱附着在它的鱼鳞、鱼鳍和两腮上的吸盘，但很快它就被触手送入章鱼等候多时的嘴里，被那形如鹦鹉喙般凶猛的喙部撕成碎片。

这晚，章鱼守株待兔地在触手可及的范围内猎捕那些不够警觉的鱼和螃蟹，它有时也游到海里，捕食更远处过往的鱼儿。章鱼用它那松垮、囊袋似的身体吸水，再通过体管喷射水流的反作用力帮助自己移动。它那善于缠绕的臂腕和吸附能力极强的吸盘很少失手，就这样章鱼慢慢填饱了肚子。

正当“玛丽 B 号”船首下方的海草随着潮水变换而杂乱无章地摇摆时，一只大龙虾从海草间的藏身之处游来，大致朝海岸的方向移动。尽管它那笨重的身体在陆地上有三十磅重，但入水后靠着浮力的支撑，龙虾四对纤长的步行足的足尖可以灵敏地在海底移动。它那对具有破坏性的爪钳，或称螯，在身体前方挥舞着，随时准备捕捉猎物或是攻击敌人。

龙虾顺着船体向上移动，中途停下来捕食一只硕大的海星。这只海星趴在连成片的藤壶身上，而密布的藤壶又给船尾披上了一层白色的外壳。龙虾用它那步行足中最有力的一对螯将扭动的海星送入口中，而其他分节的步行足则忙于扯着那长满棘刺的猎物，将它抵在口部。

龙虾只啃食了海星的一部分，便将它丢给那些堪称清道夫的螃蟹，自己则爬过沙子继续觅食。它曾驻足挖沙，忙碌地从中寻找蛤蜊。龙虾长而敏感的触须不断划过海水，感知食物的气味。等发现沙子间并无蛤蜊后，它又游到船体的阴影里，准备在那里寻找晚餐。

同在当晚，一条小海鳟于黄昏将至时发现了生活在废船里的第三只大型捕猎者。那是一条形似风箱的鮟鱇鱼“洛斐斯”，它的身体又扁又宽，造型奇特，一道宽大的口裂里长着两排尖利的牙齿。口的上方生有一根奇异的须子，最前端还坠着一块片状的身体组织，就像是柔韧的钓竿上挂着钓饵。鱼身大部分位置凹凸参差，如同海藻旁逸斜出的岩石。鮟鱇长着两片厚实、肉质的鳍，它们不像是鱼鳍，倒更似水生哺乳动物的蹼足。这两片鳍生于身侧，通过鳍的摆动鮟鱇便可在海底前进。

那条小鳟鱼游来时，鮟鱇正栖身于“玛丽B号”船首的下方。它一动不动，扁平的头顶上两只阴险的小眼睛注视着上方。除了海藻的掩护，它那破烂松垮的皮肤也模糊了身体的轮廓，除非是最为警醒的鱼儿从船旁边游过，否则洛斐斯对过往的鱼类简直如同隐身。小鳟鱼“斯诺颂”虽然没看见鮟鱇鱼的身影，但它注意到一颗颜色鲜艳的小东西悬于沙子上方一英尺半处。这个物体会移动，能上下起伏。小虾小虫和其他可供捕食的水生生物也纷纷被它吸引，斯诺颂甚至游下去一探究竟。当它与目标只间隔两倍身长那么远时，一条小白鲳鱼从开阔的海里快速游来，打量着这个引诱它靠近的小东西。顷刻之间，两排尖利的白牙闪过，小白鲳迅速消失于鮟鱇的血盆大口之中。尽管片刻之前，这里还是一处只有毫无攻击性的海藻随水摇曳的安宁之地。

斯诺颂见到这突如其来的一幕，立刻慌张逃走，现下它来到一块甲板的腐木之下，两鳃也因呼吸急促而快速地起伏。鮟鱇藏得天衣无缝，以至于斯诺颂根本没注意到它的轮廓，只有那一闪而过的牙齿和突然消失的白鲳鱼警示斯诺颂此地确有危险。它观察那颗悬垂、浮动、充满诱惑的小东西时，又有三条鱼游过去查探情况——两条是隆头鱼、一条是体高侧扁呈银色的突颌月鲹。然而它们全都在碰了一下那东西之后便落入鮟鳒之口，消失得无影无踪。

暮色渐浓，漆黑一片中斯诺颂身在甲板腐木之下什么也看不见。但随着时间一分一秒过去，它始终能感受到下方鮟鱇硕大的身躯时不时地突然动一下。直到午夜过后，船首下方的海藻里才没了响动，因为鮟鱇不满足于捕食前来查探的小鱼，出发诱捕更大的猎物了。

* * *

也是这晚，一群绒鸭游来浅滩上方休息过夜。一开始它们停落在离海岸两英里远的水面，但因为水下地势起伏很大，海面也因此汹涌澎湃。待潮水转了方向，它们身边黑漆漆的大海又卷起了泡沫。风吹向陆地，潮水正从反方向落回大海，激荡的水势吵醒了睡梦中的绒鸭，于是它们飞往浅滩远海一侧那更加平静的海面，在碎浪带的另一边再次歇下了。尽管绒鸭已经睡着，有些鸭子还将头埋在肩上的羽毛里，不过它们仍时常用蹼足划水，这样才能在湍急的潮水间保持稳定。

东方渐白，浅滩边缘原本发黑的海水也泛起灰色。从水下向上望去，漂浮的绒鸭投下一抹抹幽暗的椭圆形身影，它们的羽毛与水面之间闪动着银光，绒鸭的影子就笼罩在这层光辉里。现在，一双不怀好意的小眼睛正从水下望着这些绒鸭，眼睛的主人拖着缓慢笨拙的步伐在水里穿行——原来是那形如风琴、体态怪异的大鮟鱇鱼。

洛斐斯非常清楚绒鸭就在附近，因为水里有股浓烈的鸭子气味，这股味道传遍了洛斐斯舌上的味蕾和嘴里敏感的皮肤组织。甚至在晨光照亮它圆锥形的视野、令它看到绒鸭的倒影前，洛斐斯就已经注意到鸭掌划水时闪烁的荧光。它曾见过这样的闪光，这光亮意味着有鸟类在水面休憩。尽管洛斐斯潜行了一整晚，但却只捕获了几条不大不小的鱼，可它的胃足能容纳二十多条比目鱼或者六十条鲱鱼，它一餐也可吞下一只和自己一样大的猎物，因此前一晚的收获还远远不够。

洛斐斯摆动鱼鳍慢慢向水面靠近，来到一只与同伴离得稍远的绒鸭身下。这只鸭子还在睡梦中，鸟喙埋进羽毛里，一只脚在身下晃荡着。洛斐斯将嘴巴张开近一英尺宽，在鸭子尚未察觉危险降临时已用尖利的牙齿咬住了它。这偷袭令绒鸭突然陷入恐惧，它只得用翅膀拍打水面，并用那只没被咬住的蹼足划水尝试着飞走。绒鸭猛然发力，身体也跟着往上去，但下方鮟鱇的重量又把它拉了回来。

落难绒鸭发出的叫声以及拍打翅膀的响声惊起了它的同伴，只见水上卷起一股旋风，群鸭就这样纷纷飞走了，它们的身影很快消失在海上的薄雾里。留下的那只绒鸭腿部动脉伤势极重，鲜血直喷。鲜红的血液意味着生命的流逝，鸭子的挣扎越来越弱，最终从那滩被染红的海水里沉了下去。正当此时，一条鲨鱼受到血液气味的吸引，在微光中隐现。另一边，洛斐斯则拖着绒鸭来到浅滩底部，将整只鸭子都吞吃入腹，毕竟它的胃富有弹性可以扩张到很大。

半小时后，在船体周围捕食小鱼的海鳟斯诺颂望见了鮟鱇鱼的身影。只见它在海底滑动着手掌一样的胸鳍，往船首下方的洞穴游去，接着爬进船体的阴影里，连船首下方的海藻也左摇右摆迎接它的归来。鮟鱇鱼会在那里倦息地躺上数日，慢慢消化胃里的食物。

* * *

天亮后，海水渐凉，不过水温的变化微不可察。午后，退潮卷着水湾里冰冷的水流落回大海。到了夜晚，海鳟迫于严寒离开了那片散落着船体残骸的水域，它一整夜都在朝远海方向行进，在缓缓沉降的海底平原上方穿行。海鳟循着光滑多沙的海底游动，有时也因下方的沙堆或滩底堆积着破碎的贝壳而向上攀升。身处严寒之中，它们甚少休息，就这样一步步来到越来越幽深的海洋里。

先一步洄游的鳗鱼一定也曾来过此地，也曾在密布的水下沙丘与倾斜下沉的海底草原间穿行。

接下来的数日里，每当海鳟停下休息或进食时，总有其他鱼类成群结队地赶到它们前面，海鳟也时常遇见种类纷繁的鱼群正在捕食。大西洋海岸线绵延数英里长，接纳了上游所有的水湾与河流，鱼儿为了躲避严寒也随河水入海。它们有些来自遥远的北方，来自美国罗德岛沿岸、康涅狄格州和纽约州长岛沿岸，比如窄牙鲷——一种体薄、背部高高拱起、鱼鳍多棘刺、鱼鳞呈片状的鲷鱼。它们每逢冬天都会自新英格兰游往弗吉尼亚角的离岸水域，等到春季再返回北部产卵，路上还可能不幸落入陷阱网或迅速合拢的围网里。海鳟穿过大陆架游得越远，就越常遇见成群的窄牙鲷在它们身前那汪绿色的水雾间穿行。这些硕大的青铜色身影浮浮沉沉，时而在海底翻掘蠕虫、沙钱、螃蟹，时而向上攀升一英寻或是更多，以便咀嚼猎物。

有时，也有成群的鳕鱼自楠塔基特浅滩游往南部更温暖的水域过冬。有些鳕鱼会在陌生的海域产卵，任洋流将幼鱼带走，鱼儿可能因此再也回不去北部的家园。

寒意渐盛，寒冷仿佛一面墙自沿海平原向远洋逼近。这面墙无影无形，但却又是一道如此真实的屏障，没有鱼敢冲破严寒折返，即使这是一堵坚固的石墙，其威力也不过如此。若是在天气更为温和的冬天，鱼类会四散分布在大陆架各处——石首鱼相对靠近海岸，大西洋牙鲆和比目鱼偏爱多沙地带，窄牙鲷游往底部食物丰盛的沉降峡谷，巴斯鱼占据所有岩石密布的滩底。但今年酷寒的天气迫使所有鱼类不断前行，一直来到大陆架的尽头、深海的边缘。这里，湾流温暖了静谧的海水，鱼群终于找到了冬日安身的港湾。

当鱼群纷纷从水湾与河流出发穿越大陆架而去时，渔船也南下前往远海了。船只排成一队，算不上靓丽的风景线，只是忽高忽低地在冬日的大海上颠簸前行。这些都是来自北部港口的拖网渔船，现在要前往鱼类的冬栖地置网。

短短十年前，海鳟、大西洋牙鲆、窄牙鲷和石首鱼只要离开水湾或海峡就不会再面临渔网的威胁。但有一年，渔船自北部海岸线出发，拖着如同长袋子的渔网一路横扫海底。一开始，渔民一无所获，但随着船越开越远，网里终于收获了满满当当的食用鱼类。那些夏季在水湾和河口里生活的近海鱼，它们的冬栖地就这样暴露了。

从那以后，拖网渔船每到这个季节都要出海，每年都会携数百万磅重的鱼满载而归。现在这些来自北部渔业港口的船只已经踏上征途——来自波士顿捕捞黑线鳕的、来自新贝德福德捕捞比目鱼的、来自格洛斯特捕捞红鲑的以及来自波兰捕捞鳕鱼的。冬天里在南部海域捕鱼比在斯科舍浅滩和纽芬兰大浅滩要容易，甚至比在乔治浅滩、布朗斯浅滩和英吉利海峡也要容易。

然而今冬极寒，水湾已经结冰，海面狂风大作。鱼群越游越远，从离开海岸线到深入海洋七十英里，再到一百英里；它们也越游越深，最终来到水下一百英寻那温暖的深海里。

甲板上已经结了一层薄冰，上面的拖网因甲板湿滑而滑向船舷；渔网的网孔由于挂着冰晶而变得僵硬；所有的绳子和钢索也都已结霜并且发出嘎吱嘎吱的响声。渔网穿越上百英寻深的海水，历经雨雪冰霜和巨浪狂风的洗礼，终于来到一处温暖平静的水域，那里成群的鱼儿正在朦胧的蓝色汪洋间觅食，再往前就是海底深渊。

第15章　归途

据说，鳗鱼的繁殖地藏在深海里。十一月的那个夜晚，海风与潮水让洄游的鳗鱼感受到海洋的温暖，于是它们便离开入海口处的盐沼开始远行。无人知晓它们的洄游线路——自水湾出发后，鳗鱼如何到达五百英里外那坐落于百慕大南面、佛罗里达东面幽深的大西洋盆地。同样，几乎每条从大西洋上游支流出发的鳗鱼，北至格陵兰岛、南至中美洲，关于它们如何完成秋季迁徙之旅也鲜有明确的记载。

人们不得而知，鳗鱼是怎样来到它们共同的洄游目的地的。或许，鱼群会避开淡绿色的表层水域，冬风吹得海水寒凉刺骨，加之鳗鱼畏光，明亮的海面一如往日的山溪，而那时它们也不敢在日光下前行。或许，它们不会穿梭于中等深度的水域，也不会在缓降的大陆坡上方保持固定深度行进，而是沉入海底峡谷。数百万年前，那里还是陆地河谷，当地的河流在阳光普照的沿海平原上刻下它们流过的痕迹。无论如何，鳗鱼最终来到了陆地边缘，那里泥泞的大陆坡海墙一般陡降深处，它们继续前行，就这样游入大西洋最深的海底深渊。小鳗鱼将在这片漆黑的深海降生，而那些老去的鳗鱼将在这里走向生命尽头，化作海洋的一部分。

二月初，数十亿颗原生质在漆黑的海洋深处浮动漂流。它们是刚刚孵化的鳗鱼幼体，也是亲体留下的唯一痕迹。鳗鱼在生命初期会停留在水下一千英尺但尚未及海底深渊的过渡带。上方海水层过滤了洒向大海的日光，只有穿透力最强的光线才能到达小鳗鱼漂流的海域，那里寒冷而荒凉，仅余蓝光和紫外线存在，而红、黄、绿光则纷纷被过滤掉了。一天中只有一个多小时，黑暗会被一抹奇异的蓝光所取代，它悄然而至，鲜活而神秘。那时的太阳升到了最高点，也只有这样笔直纤长的光线才能驱散水下的黑暗。但光照时间实在太短，深海的黎明与黄昏合二为一，很快这抹蓝光就消逝了，鳗鱼又重回漫长的夜。夜色浓重晦暗，只有暗无天日的海底深渊比之更甚。

一开始，新生的鳗鱼对身处的陌生世界知之甚少，只是被动地随水漂流。它们不需要觅食，那扁平、叶片状的身体全凭体内残留的胚胎组织提供营养，因此也不会在周遭树敌。小鳗鱼依靠片状身形和恰到好处的身体密度可以毫不费力地漂浮起来。它们微小的身体如水晶般透明澄澈，即便是依靠那颗微小心脏的跳动而流淌于血管里的血液也尚未被色素所染，唯一彰显颜色的就是它们微如针孔的黑色眼睛。因为通体透明，小鳗鱼很适合生活在海洋的弱光层，在这里它们与周遭环境融为一体，自然得以躲过饥饿的捕猎者。

数十亿条鳗鱼幼体、数十亿双细如针孔的黑色眼睛正在凝视深渊之上的奇异世界。鱼儿眼前，密集如云团的桡足动物永无休止地舞动，当那抹蓝光照入水中时，它们水晶般的身体恍如在光影里浮动的尘埃。透明的铃铛形水母在海里起伏，它们柔弱的体表已经能够适应每平方英寸重达五百磅的水压。成群的翼足螺，也就是海蝴蝶，在入水的日光间疾驰，俯冲到鳗鱼眼前。它们的身体因反光而闪烁，如同一场冰雹雨，"冰雹"清透澄净却又奇形怪状，有的形似短剑，有的仿佛螺旋，也有的宛若圆锥。群虾隐现，在朦胧的海水间苍白如同鬼魅。有时虾后面还紧跟着暗无血色的鱼。鱼儿长着圆形的嘴、松垮的肉身、灰色的身侧点缀着成排的宝石般的发光器。为了躲避天敌，虾常常喷射出发光的液体，液体旋即化作炽热的云团，从而模糊、迷惑敌人的视线。鳗鱼见到的大部分鱼类都身披银色的盔甲，毕竟在日光尽头活动的鱼类本就以银色为主，银色算是这一带的标志性颜色，比如小蝰鱼。这些身形纤长的小鱼在海里漫游并无休止地捕猎时，它们总是大张着嘴巴，嘴里的一口尖牙闪着寒光。还有当属鱼类里形态最为奇特的银斧鱼，它们的体长大约有人类手指的一半，表皮坚韧，身体散发出青绿色和紫色的光辉，侧身闪动着水银般的流光。银斧鱼体侧扁、末端窄、背部呈蓝黑色，恰与昏暗的海水融为一体，因此当敌人自上而下查探时，根本无法察觉它们的踪迹；而当天敌在它们身下仰望时，银斧鱼也着实令敌人困惑且难以辨认，因为它们的侧身如同明镜，映照着蓝色的海水，就这样鱼儿的轮廓在微光中也模糊不清。

海洋生物在水里分层栖息，同类之间沿水平的海水层结成群落——在表层水域漂浮的棕色马尾藻藻叶间，能看到沙蚕扭转着绸缎般的身体；在海底深渊厚实柔软的淤泥底部，会发现蜘蛛蟹和海虾颤颤巍巍地爬行；小鳗鱼在大海里也占据着属于它们的海水层。

鳗鱼上方的浅水区是洒满阳光的世界，那里的植物茁壮生长，小鱼在日光下闪动着绿色或天蓝色的光泽，蓝色清透的水母在海面游动。

接着便是弱光层，这里的鱼大部分都呈乳白色或银色，红色的大虾产下亮橘色的虾卵，圆口鱼体表苍白，其发光器在昏暗的海水里闪烁着微光。

再往下是第一层黑暗的海域，这里再没有散发出银色或乳白色光泽的生物，取而代之的是与深海一样了无生机的颜色——水生生物纷纷身披单调的红色、棕色或黑色外衣，如此便能与周遭的朦胧世界融为一体，尽量躲过命丧天敌之口的厄运。红色的海虾产下深红色的虾卵，圆口鱼也变成了黑色，许多生物都长着发光器——或是如同点亮的火炬，或是诸多连成排或按某种图形排列的“小灯”——以其辨认来者是敌是友。

再深处是海渊，也就是远古时期的海床，那里是大西洋最为幽深的地方。海渊里万物的变化极其缓慢，数年的时间微不足道，迅速的季节更替也不留痕迹。阳光已无法穿透这一层海水，所以这里漆黑一片，且这极致的黑暗无始无终也无所谓程度深浅。哪怕是热带地区海面炙热的艳阳也无法穿透数英里深的海水，最终温暖这冰冷的海渊。这里无分冬夏，数年、数世纪、数个地质时期的影响对这里来说也不甚大。在海盆的底部，冰冷的洋流缓慢涌动，与时间的流逝一样从容不迫且势不可当。

从海面一点点向下深入，四英里多之后便是海洋底部，那里铺满了柔软厚实、历经数个极漫长的地质时期积聚而成的淤泥。大西洋最深处布满红黏土，那是一种因海底火山不时喷发遂从地表喷薄而出的浮岩[①]状沉积物。除了红黏土，海底还

---

① 浮岩是一种密度小、具多孔的淡色火山碎屑物。因置于水中可浮起，故称浮岩或浮石。——译者注

有铁质或镍质的小颗粒，它们的产生要追溯到远古时期某颗遥远的恒星，它曾穿越数百万英里的星际空间、划破地球大气层并最终陨落于深海。堆积在广袤的大西洋海底盆地高处侧壁上的淤泥富含海洋生物的残骸——一些来自表层水域微小生物的沉淀物，包括灿若繁星的有孔虫外壳、藻类和珊瑚的石灰质遗骸、有如燧石的放射虫骸骨和硅藻的硅质细胞壁。但远在这些精美的生物体坠入海渊底部之前，它们要先经历海水的溶解并与之融为一体。几乎唯一直接沉入这冰冷无声的海底且未被溶解的有机物就是鲸鱼的耳骨和鲨鱼的牙齿。在这片漆黑寂静的红黏土里，沉睡着鲨鱼祖先的全部残骸，年代之久远，或许早于鲸首次出现在海里，早于陆地上大型蕨类植物的蓬勃生长期，早于含煤岩层的形成。尽管这些远古鲨鱼的肉身已在数百万年前回归海洋，并作为海洋生物圈的一环一次次塑造了其他生物，但它们的牙齿在深海的红黏土中仍随处可见，牙齿外圈还包裹着来自某颗远方恒星的铁质沉淀。

* * *

分别来自大西洋西岸和东岸的鳗鱼选在百慕大群岛南面的海渊汇合。尽管欧洲大陆和美洲大陆之间的海洋里也有其他相当深的地方，比如海底山脉间深深下沉的山谷，但能够满足鳗鱼产卵所需的深度和温度条件的便只有此地。因此发育成熟的鳗鱼每年都会适时地从欧洲出发，踏上长达三四千英里的跨海之旅，而大西洋另一边也有一队成年鳗鱼从美国东海岸出发，与它们相向而行。在遍布马尾藻的马尾藻海最西端，两队鳗鱼——自欧洲游到最西面的那部分和自美国游到最东面的那部分——相遇并混在一处。因此在这片辽阔的鳗鱼繁育地的中心地带，两种鳗鱼的卵和幼鱼也相互交织。它们外表非常相似，只有细数其脊椎骨的节数和脊椎旁边包裹着的肌肉块数才能将两者分开。一部分鳗鱼在告别幼体阶段后便出发回到美国或欧洲的家园，而且它们从来不会选错方向。

几个月过去了，小鳗鱼逐渐长大，它们的身长渐长，体侧渐宽，身体组织的密度也发生改变，于是便开始漂向浅处。随着它们一路上行，海里每天的日照时间也在增加，一如北极之春的天色变化。那抹过去只出现在正午的蓝色水雾维持的时间越来越长，而夜晚则愈发短暂。很快，鱼群来到绿光可达的海水层，这里较先前只有蓝光的深水区温暖许多，鱼儿也在那茂盛的植被间找到了第一口食物。

那些能够从光照受限的海水层中汲取能量维持生命的植物都是些微小、漂浮的球体，比如古老的褐藻细胞，小鳗鱼最初就是依靠它们为自己透明的身体提供营养。褐藻由来已久，早在第一条鳗鱼出现、甚至第一种脊椎动物诞生前数百万年，褐藻便已存在于大海里。亿万年间，生物群落盛衰变迁，而含石灰质的褐藻仍一如往昔。褐藻藻体上覆有小片钙质盾壳，这层保护壳无论形状还是结构都与其祖先无异。

在这片蓝绿色的海水间，不仅鳗鱼以藻类为食，桡足生物和其他浮游生物也如大片云雾般在漂流的植物中徘徊。桡足生物间，又散落着成群虾一类的捕食者，而虾群身后，还有小鱼闪烁着星星点点的银光。小鳗鱼自己也是其他捕食者的猎物，包括饥饿的甲壳动物、枪乌贼、水母和凶狠的蠕虫，以及些大张着嘴巴在水中畅游并以嘴和鳃耙过滤食物的鱼类。

进入仲夏，小鳗鱼也长到一英寸长了。它们的身体呈柳叶形，极适宜逐水漂流。鳗鱼现在来到了浅绿色的海面，它们黑色的眼睛已足以为敌人所察觉。在表层水域活动的鱼群能够感受到海浪的浮浮沉沉，也见识过正午时分澄净的远洋上那炫目的阳光。鳗鱼有时在一簇簇漂浮的马尾藻中间移动，或许借飞鱼的栖身之所寻求遮蔽；若是来到开阔地带，它们也会躲于形如帆船或浮囊的蓝色僧帽水母身下。

洋流卷着小鳗鱼在表层水域涌动。北大西洋暖流横扫而过，不管是来自欧洲还是来自美国的鳗鱼都陷入了洋流移动的漩涡里。浩浩荡荡的鳗鱼队伍像是一条壮丽的河流在海里穿行，它们在百慕大群岛南面的海水里觅食，成员多到不计其数。这条奔流的大河中至少有一处，来自不同地方的两种鳗鱼并肩而行，现在它们的外表很好区分，因为美国鳗鱼的体形近两倍于欧洲鳗鱼。

洋流大规模席卷而来，自南面朝西面和北面流去。夏日将尽，海洋生物也经历了一季的繁衍与成长。先是硅藻在春季大量繁殖；继而以海水里富含的植物为食的浮游生物群落规模壮大；接着，得益于浮游生物群的扩张，数不清的幼鱼也日渐强壮。终于，意味着繁育期告终的秋天降临大海。

年幼的鳗鱼距离它们的第一处家园还很远。鱼群渐渐分成东、西两支，但在它们分道扬镳之前，一定还有些细微的变化正在那群成长速度更快的鳗鱼身上发生，并使得它们的旅程得以偏向表层海域西面的洪流间。鱼群幼体期叶片状的身形适时地发育成它们亲体那样圆润蜿蜒的样子，与此同时，它们对于淡水、浅水的渴望也越来越强。现在，鳗鱼调动起潜藏的肌肉力量，能够逆着扑面而来的海风和洋流朝岸边行进。在一种盲目而强大的天性驱动下，它们透明的小身体迈出的每一步都无意识地朝着目标进发。尽管鱼群对于此行的目的一无所知，但洄游的天性早已深深印刻在它们的血脉里，因此每条鱼都义无反顾地前往海岸，前往它们父辈入海前的家园。

数条来自东大西洋的鳗鱼混杂在来自西岸的幼鱼之间，

它们尚无去意，仍在深海徘徊。幼鱼的身体发育变得缓慢，至少还要过上两年，鱼群才会披上成鱼的外衣并前往淡水中。所以现在它们任凭洋流的裹挟去往任何地方。

海里，另一小队树叶般的行者在横跨大西洋向东行进，那是去年生的小鳗鱼；再往东那片与欧洲海岸同纬度的海域里还有一群鳗鱼逐水漂流，它们比先前的那群鳗鱼年长一岁，已经达到了成鱼的身长；除了这三波鳗鱼，另有一群幼鳗终于完成了它们的洄游壮举，现在正进入水湾和入海口，并一路上溯至欧洲陆地上的河流。

于美国鳗鱼而言，洄游之旅要短一些。鱼群于仲冬时节穿越大陆架进入浅海，逐渐向海岸线靠近。尽管那时海上寒风凛冽，太阳也远在南半球，但鱼群仍停留在表层水域，它们已不像刚出生时那样需要热带海域的温暖了。

幼鱼向海岸行进时，身下游过一群同类，那是些成熟的鳗鱼，它们身披乌黑银亮的外衣，正在返回出生地的路上。两队鳗鱼——也是两代鳗鱼——并未相认，年轻的一代即将开启新生，而年老的一代则将消逝在幽暗的深海里。

随着鱼群离海岸越近，海水也在变浅。幼小的鳗鱼换上新装向上游河流进发。它们叶片状的身体愈发粗壮，之前更短、更窄，扁平的树叶形身材被粗壮的圆柱形所取代。鳗鱼幼体期硕大的牙齿已经脱落，它们的头部也变得浑圆。鱼的脊椎骨旁散落着微小的色素细胞，但鱼身大部分仍清透如玻璃。这个阶段的幼鱼也叫“玻璃鳗”或幼鳗。

次年三月，这群来自深海的幼鳗正在灰白色的海上等待着，随时准备登陆。它们在墨西哥湾海岸一带的泥沼、小海湾和野生稻田以及南大西洋入海口之外徘徊，准备好潜向河口边缘的水湾以及碧绿的沼泽里。它们在冰雪尚未消融的河流下游海域静候，春季湍急的河水一泻千里汇入大海，幼鳗也因此得以品味这陌生的淡水味道，接着愈发兴奋地涌向水源。数十万条幼鳗守在水湾入口外，而就在一年多以前，安圭拉和它的同伴们也经由此地向深海进发，在天性的驱使下茫茫然奔赴洄游的目的地，如今，余下的半程也随着幼鳗的返回而圆满了。

鱼群距离陆地边缘处一座纤细高耸的白色灯塔越来越近。花斑长尾鸭常看见这座灯塔，它们每天下午都要从岸边的进食地出发，待黄昏时分便猛烈地拍打着翅膀冲向海面，在高空绕行回程的途中灯塔每每映入它们的眼帘；天鹅正值春季迁徙，它们成群结队掠过北面的天空，在高歌之中也望见了置身于朝阳和碧波中的灯塔。领头的天鹅见到灯塔后便唱响一个三连音，因为灯塔距离它们的休息地很近，这还是它们自卡罗来纳海湾至北极荒原的漫长旅途中的第一个休息站。

满月时分，潮水汹涌。上游的所有河流都已溢满，退潮卷着河水奔腾。鳗鱼停留在未及水湾入海口的大海里，发觉淡水的味道愈发强烈了。

月光下，幼鳗看见水里数条腹部浑圆、长着银色鳞片的大鱼在游动。这些是西鲱，它们从海里的捕食地来此，现在正等待着上游河流冰雪融化、流出水湾，以便它们上溯产卵。水里传来击鼓般的震动，那是大批在海底徘徊的石首鱼，它们与海鳟、斑点鱼一样，都从离岸水域的冬栖地游来，现下想在水湾里寻找一片觅食地。还有其他鱼类游来潮水间，头迎着水流的方向，随时准备叼住被湍急的潮水甩出来的小生物。它们是巴斯鱼，不过这些鱼完完全全属于海洋，并不会沿着河流上溯。

随着月亮亏蚀，潮水渐弱，幼鳗逐渐逼近水湾入口。很快一个恰到好处的夜晚降临——大部分积雪已经融化又流向海里，月色清淡，潮水和缓，温暖的春雨飘落，水汽氤氲，河水混杂着嫩芽甜苦参半的味道。幼鳗终于涌进水湾，顺着两岸上溯，直至抵达属于它们的河流。

有些幼鳗会止步于河口，它们都是雄性并且讨厌淡水那股陌生的味道，而河口的水仍带着属于海洋的咸苦味；雌鱼则继续逆流而上。鱼群选在夜晚赶路，它们的母亲当年也是这样在黑夜中游往大海。鳗鱼结成的队伍足有数英里长，蜿蜒穿行于河流与溪水的浅处，鱼儿首尾相接，整条队伍远远望去如同一条巨蟒。没有什么艰难险阻能阻止它们前行的脚步——饥饿的鳟鱼、巴斯鱼、梭鱼甚至是成年鳗鱼都对它们虎视眈眈，岸边还有不怀好意的老鼠，空中的海鸥、苍鹭、翠鸟、乌鸦、鸊鷉和潜鸟也需提防。途中，幼鳗涌向瀑布，爬上湿漉漉又长满苔藓的岩石，扭动着身体游入水坝的泄洪道，有些鱼还会继续游出数百英里。就这样，这些生于深海的动物渐渐深入陆地，当然这片陆地本身也曾数次为海水所淹没。

正如幼鳗三月曾一度在入海口之外徘徊，伺机游往陆地上的河流，海洋也在永无休止地涌动，静候一个卷土重来的时机。到那时，海水将淹没沿海平原，爬过山麓小丘，从绵延的山峦脚下席卷而过。于鳗鱼而言，在水湾入口之外等待的日子只是它们漫长且不断变化的生命中的一幕，同样，若将海洋、海岸与山峦置于恢宏的地质时期之中，它们如今的存在也不过是短暂的一瞬。总有一天，在海水无休止的侵蚀下，山川将夷为平地，化作泥沙入海；斗转星移，海岸线终会为海水所吞没，沿线分布的城市与乡村都将归于大海。

名词解释

鮟鱇（Angler fish）

因其外表丑陋、可怖，生性贪婪而臭名昭著。体长的一半为头，头的大部分被嘴占据，因此在盛产地被戏称为“全嘴鱼”（all-mouth）。多分布于大西洋两岸，体长达四英尺。

螯（Chela）

龙虾硕大、如同钳子的一对足。通常认为螯壳内的肌肉食用口感最佳。螯具有很强的防御和攻击能力。

白鲳鱼（Spadefish）

身体扁平，轮廓几乎呈圆形，因而在某些地区也被称为“月亮鱼”（moonfish）。身长一至三英尺，常在船只残骸、木桩和岩石附近捕食甲壳动物。白鲳鱼自美国马萨诸塞州至南美洲均有分布。

斑点鱼（Spot）

之所以得名斑点鱼，是因为这种鱼的两肩各生有一个圆形、呈青铜色或黄色的斑点。它们分布于马萨诸塞州至得克萨斯州之间的沿岸水域，是一种常见食用鱼类。雄性斑点鱼也可像石首鱼般发出嗡鸣声，但音量更小。

半蹼鹬（Dowitcher）

一种中等大小的长嘴滨鸟，属鹬科，其迁徙时多见于大西洋沿岸。半蹼鹬在佛罗里达州、西印度群岛和巴西过冬，在东哈得孙湾一带的加拿大北部地区筑巢。

瓣蹼鹬（Phalarope）

一种小鸟，体形介于麻雀和旅鸫之间。尽管瓣蹼鹬属滨鸟，但冬季时会飞往开阔的远洋。迁徙时，成群的瓣蹼鹬飞过美国海域继续南行，或许还穿越赤道。瓣蹼鹬极善游泳，在海上活动时以浮游生物为食。据说，这些海鸟有时会落在鲸鱼的背部，啄食鲸鱼背上的虱子。

暴风鹱（Fulmar）

生活在海洋上的一种鸟，与圆尾鹱和剪水鹱同属鹱科。

体形略小于银鸥，大部分时间都在飞翔，在风暴天气里尤为活跃。夏季活动于格陵兰岛、戴维斯海峡、巴芬湾，冬栖地主要位于美国沿海离岸地带，包括纽芬兰大浅滩和乔治浅滩。

杓鹬（Curlew）

一种大型、细长嘴的鸟类，与矶鹬同属鹬科。杓鹬在南美洲太平洋沿岸过冬；冬季结束后，经太平洋沿岸或经中美洲、佛罗里达州、大西洋沿岸迁往北冰洋，并在那里繁育后代。长嘴爱斯基摩杓鹬几乎于十九世纪灭绝，现存的哈得孙杓鹬数量较多。

侧腕水母（Pleurobrachia）

一种小型栉水母，身长约半英寸至一英寸，触手很长且呈白色或粉红色。群聚的侧腕水母可以大面积猎杀幼鱼。

侧线（Lateral line）

大多鱼类身上都有的一种器官。侧线由一排小孔组成，顺着鱼的侧身从鱼鳃延伸到鱼尾。小孔内部与一条长长的、能分泌黏液的侧线管相连，这条管状物又联结着许多感官神经。通常认为，侧线可以使鱼类听见人耳无法分辨的低频声波震动。这意味着，鱼类隔着一段距离就能察觉到另一条鱼在靠近，也能感知前方有无像石壁那样的障碍物。最新的实验结果表明，侧线还可以帮助鱼类觉知水温的变化。

尺蝽（Marsh treader）

一种长而纤细的水生昆虫，可以从容地行走于睡莲叶片上或水面上。尺蝽捕食孑孓、划蝽和一些小型甲壳动物。

川蔓藻（Widgeon grass）

一种水生植物，是许多水禽的食物，且其小而黑的果实与藻体本身都可食用。川蔓藻生长于沿海的半咸水水域，有时也可长于咸水中，内陆碱性水域亦有分布。

刺网（Gill net）

刺网可定置于海底，也可漂浮于海面，或置于几乎任何深度，但置网时总是像网球网那样张开。鱼类经过时，头部会先入网，但因头上的鳃盖略微突出，类似于飞机的两翼，于是两鳃会被卡住。流刺网常配重沉入水底，并能够顺着潮水漂流。

大陆架（Continental shelf）

位于潮水线以下至大约一百英寻深处的海底平缓的斜坡。美国有些地方的近海大陆架宽度约一百英里，而另一些地方如佛罗里达沿岸，大陆架只有几英里宽。现在的大陆架中有很大一部分在相对较近的地质时期属于陆地。多数商用渔场的渔获范围被限定在大陆架之内。大陆架边缘至海渊之间更为陡峭的地带称为大陆坡。

大蚊（Crane fly）

成年大蚊足长，形似蚊子，多见于黄昏时的溪流间，或在天黑后绕着光亮飞行。幼虫生于水中或潮湿的地方。

大西洋牙鲆（Fluke）

夏季鲆在中大西洋地区和美国切萨皮克湾的常用名，学名犬齿牙鲆（paralichthys dentatus）。大西洋牙鲆是鲆科中相对活跃、凶猛的一种，有时会追逐猎物一路来到海面。它们像变色龙一样能够根据所处的环境改变体表颜色。体长多为两英尺。

大虾（Prawn）

一种虾，常与“虾”通用。有时二者也作区分，前者指虾中较大的一种，而后者则指较小的一种。

大眼虾（Big-eyed shrimp）

属甲壳纲的一种虾，因其近乎透明的身体上长着两只醒目的大眼睛而得名。有趣的是，大眼虾的身上长着会发光的斑点，斑点的数量和分布因其种类不同而有所差异。它们在表层海域成群出现，周围通常有鱼群相伴，有时还伴随着庞大的鸥群。大眼虾多分布于激潮间。

淡海栉水母（Mnemiopsis）

这种栉水母身长四英寸，成群分布于纽约州长岛至卡罗来纳州之间的海域。它们身体透明，闪动着耀眼的荧光。

端足动物（Amphipod）

与螃蟹、龙虾、虾同纲，由各种体侧扁、角质层光滑、柔韧、分节的甲壳动物构成，这也使得它们可以灵活游动或跳跃。世界上约有三千种端足生物，多数居于海洋中或者海洋边缘，沙蚤是其中较为著名的一种。麦秆虫属端足目亚目之一，常将后肢附着在一截海藻上并保持身体僵直，从而使自身看起来如同海藻的枝杈。麦秆虫体长约半英寸。

鹗（Pandion）

鱼鹰的学名。

翻石鹬（Turnstone）

这种滨鸟，毛色靓丽，为黑、白、红褐三色相间，令人见之难忘。翻石鹬借助短喙翻遍石头、贝壳以及海藻，从而寻觅藏于其下的沙蚤或其他美味，因而得名翻石鹬。它们也叫“杂色鸟”（calico bird）。

鲂鮄（Sea robin）

主要分布于南卡罗来纳州到科德角一带，也有一小部分栖息于更北面的芬迪湾。其外形与绒杜父鱼和其他种类的杜父鱼有些相似，头部宽大，大片胸鳍紧贴鳃后而生。通常鲂鮄在海底栖息，并将扇子般的胸鳍伸展开来；若受到侵扰，则会将自己埋于沙子里，只露出眼睛及以上的部分。鲂鮄以虾、鱿鱼、贝壳、小比目鱼和鲱鱼为食。

放射虫（Radiolaria）

一种仅生活在海洋中的单细胞生物，有些体积较大的放射虫肉眼可见。通常具有结构精致的硅质骨架，骨架呈星形或雪花的形状，其上布有小孔，孔中有细长、放射线似的生命物质伸出。与有孔虫类似，放射虫的骨架也沉入海底，并大量存在于海洋沉积物中。

浮游生物（Plankton）

词源是希腊语中的“漫游者”（wanderers）。概指一切生活在海洋及湖泊表面或浅层的微小动植物。一些浮游生物不会自主运动，全凭水流载着它们漂流；另一些则能够自主游动觅食。但所有浮游生物都无法与更强有力的表层水流抗衡。许多海洋生物刚出生后都要经历短暂的浮游阶段，包括大部分鱼类、底栖贝类、海星、螃蟹等。

蜉蝣（May fly）

蜉蝣一生的大部分时间都处于非成虫阶段。它们在清洁的淡水里能生活长达三年之久，其间在堤岸边或石头下掘洞或在水底漫步。一旦成熟会迅速浮出水面、交配、产卵继而死亡，一两天内就可完成生命轮回的全过程。蜉蝣成虫生命极短，象征着一切短暂、瞬息存在的事物。

鼓藻（Desmid）

一种微小的单细胞淡水藻类。形态呈精美的新月形、心形或三角形，颜色为嫩绿色。

固着器（Holdfast）

藻类或其他简单植物一种根状的结构，用来附着在岩石或土壤的底层。

瓜水母（Beroë）

一种较大的栉水母，体长约四英寸，常捕食同类，能够吞下和自身一样大小的食物。七八月时，瓜水母大量分布于新英格兰海域，它们在一天中最温暖的时间来到海面；水温下降或不再舒适时，瓜水母会潜到深处。

硅藻（Diatoms）

一种单细胞藻类，尽管含有叶绿素，但受其他色素影响，藻体多呈棕黄色。硅藻的细胞壁富含二氧化硅，死亡后，细胞壁不会分解而是沉于水底，最终形成硅藻土矿床。落基山脉海底已发现深度达三百英尺的硅藻土矿床。硅藻土可用于制作抛光粉，同时硅藻也是初级海洋食物链不可或缺的一环，因为动物通过食用硅藻能够获取水中的矿物质。

硅藻细胞壁（Frustule）

硅藻植物体的细胞壁，由两个套合的瓣组成，类似于盒子和盒盖。其成分几乎仅为硅质，因此很难被破坏。硅藻细胞壁形态多样，表面花纹精美各异，有时以这些花纹来检验显微镜镜片的性能。

海参（Sea cucumber）

尽管与海星和海胆有亲缘关系，但海参与这些生物几乎没有相似之处。海参表皮坚硬，肌肉强健，形状有些像蠕虫。它们会沿着海底缓慢移动，通过吞食泥沙而摄取其中的有机质。当遭遇天敌侵扰时，海参会以奇特的方式防御：它们将内脏全部吐出，稍后从容地再生这些器官。干海参也称 Trepang 或 bêche-de-mer，中国人会以干海参为原料烧汤，欧洲也有食用海胆卵黄的习惯。

海蝴蝶（Winged snail）

一类软体动物，与人们常见的蜗牛有亲缘关系，但在外表和习性方面与无趣的蜗牛大有不同。海蝴蝶生活在开阔的海洋中，常在上层水域优雅地游动。有些海蝴蝶的壳如纸张一般薄；还有些不生壳但颜色美丽。有时海蝴蝶大量聚集，且有相当一部分为鲸鱼所食。

海葵（Sea anemone）

在海里平和地进食时，海葵非常像菊科花卉；但若受到惊扰，它们美丽的花朵形象便会幻灭，取而代之的是一种桶形、松软、外表丑陋的动物。这些看起来像花瓣的东西实际上是无数触手，海葵就是通过伸展触手释放能够引起刺痛的毒液来捕获猎物。海葵与水母和珊瑚同属刺胞动物门。它们颜色美丽，体形最小的海葵直径仅十六分之一英寸，大型海葵直径则可达几英尺。某些种类的海葵多生活在潮池中或附着在码头桩上。

海蓬子（Marsh samphire）

又名玻璃草（glasswort）[①]，生于盐碱沼泽的一种植物，秋季呈鲜红色，大面积生长，光彩耀眼夺目。

---

① 海蓬子又名盐角草，因过去以其灰烬制作玻璃，因此英文中也叫玻璃草（glasswort）。——译者注

海鞘（Sea squirt）

海鞘表皮坚韧，身体呈球囊状，上面长有两个小口，形似短小的茶壶壶嘴，一旦触碰海鞘的身体，这两个小口就会喷射出水流。它们依附石头、海藻、码头桩等类似的地方生活，其精巧的体内结构可以帮助海鞘过滤海水，摄取水中的可食用生物。海鞘介于无脊椎动物和真正意义上的脊椎动物之间。它们在日本、部分南美洲国家和某些地中海港口地区是可食用动物。

海生菜（Sea lettuce）

一种鲜绿色的海藻，形态扁平，草叶茂盛。尽管叶片只有纸巾般轻薄，海生菜却多生于海浪常席卷而过的岩石上。

海渊（Abyss）

海洋中央深处地带，四周有陡峭的大陆坡。海渊底部巨大、荒芜、平坦，平均深度达三英里；偶有山谷或峡谷，深度可达五至六英里。海底覆盖着一层深色柔软的沉淀物，主要由无机质黏土和不溶于水的微小水生生物残躯构成。海渊漆黑无光，处处低温。

海月水母（Aurelia）

一种扁平、碟形、多为白色或蓝白色的水母，直径可达一英尺，因其游动时如同月亮而得名“月亮水母”（moon jelly）。与其他水母不同，其触手细小而不明显。多分布于大西洋和太平洋沿岸。

褐藻（Brown algae）

褐藻中的一类——圆形钙化褐藻（round lime bearers）的外表有石灰沉淀，并以此作为防御天敌的盔甲。人们在相当古老的地质沉淀中找到了其钙质残余，其年代至少可以追溯到寒武纪。褐藻现今的形态在结构上与史前基本一致。

黑线鳕（Haddock）

鳕科的一种鱼，底栖，大陆架不同深度的海底均有分布。有记载的最大黑线鳕体长三十七英寸、重二十四点五磅。

黑雁（Brant）

一种黑灰色的大雁，喜食鳗藻的根部和低茎。取食时，常扰动极浅的海水扯断藻叶，因而水浅的沿岸海湾是它们理想的觅食地。迁徙时，黑雁从弗吉尼亚州和北卡罗来纳州出发，经过科德角、圣劳伦斯湾和哈得孙湾最终到达北极圈岛屿。

鸻（Plover）

一种滨鸟，但不会像鹬那样靠近海浪边缘，而是停留在与浪花有一定距离的高处沙滩上。鸻科中最广为人知的两种分别是喧鸻和环颈鸻。鸻与鹬的进一步区分在于鸻跑动时抬头，并且会像旅鸫那样突然低头查探下方；而鹬则持续低头轻啄。鸻夏季在加拿大和北极筑巢，也有部分种类的鸻在美国筑巢；它们在冬季会南迁至智利和阿根廷。

红黏土（Red clay）

一种海洋沉积物，通常分布在超过三英里深的海底，是海底覆盖面积最广的沉积物。其主要成分是水合硅酸铝，因存在于相当深度的海底而几乎不含有机质。

虎鲸（Orca）

又称杀人鲸，属海豚科，以其高耸的背鳍而极易与其他鲸类区分。成群的虎鲸会迅速穿行于海面，猎捕鲸鱼、海豚、海豹、海象和其他大型鱼类。虎鲸极为强壮勇猛，即使是其他大型鲸见到虎鲸靠近也会非常恐惧。

划蝽（Water boatman）

只要曾驻足静谧的小溪或池塘，就几乎必定见过这些小昆虫如摆渡人一样划过水面的身影。它们椭圆形、小船似的身体仅有四分之一英寸长，划水时依靠最后一对足，这对足十分扁平，边缘长有缘毛。令人诧异的是，有些划蝽飞行能力也很强，它们会在夜晚尽享飞行的乐趣；还有些划蝽摩擦前足时会发出悦耳的声音。

黄脚鹬（Yellowlegs）

无论是大黄脚鹬还是小黄脚鹬，这类鸟儿都会大声鸣叫来提示不如它们警觉的鸟类有危险靠近，因此有时也称其为“告密鸟”（telltale）或“闲谈鸟”（tattler）。小黄脚鹬很少在春天于大西洋沿岸现身，因为它们的迁徙航线始于密西西比河流域，并最终来到加拿大中部的繁育地。秋季时，大、小黄脚鹬都会飞往美国东部沙滩，属于当地体形较大的滨鸟，并长有一对显眼的黄色的足。冬季时，它们会南迁至阿根廷、智利和秘鲁。

寄居蟹（Hermit crab）

这些奇特的小动物寄居在像蜗牛那样的软体动物的壳下，

常拖动着“住所”爬行，以此保护它们柔弱、只覆盖了一层薄皮的腹部。寄居蟹一旦长大就必须另寻足够其栖身的新壳，它们会相当谨慎地完成这一过程。寄居蟹锁定目标后，会迅速从旧壳中爬出躲进新居。据说，它们不仅以空壳作为住所，也会强行清空壳下的软体动物，抢夺其壳自住。

甲壳动物（Crustacean）

那些外壳和足分节的动物称为节肢动物，而在水下生活并靠鳃呼吸的一类节肢动物则称甲壳动物。常见的甲壳动物包括龙虾、藤壶、虾和螃蟹。

甲壳素（Chitin）

构成昆虫、龙虾、螃蟹等动物坚硬外壳的一种物质。

鲣鸟（Gannet）

大西洋西海岸一侧，鲣鸟仅在圣劳伦斯湾的石崖上筑巢，并前往北卡罗来纳州和墨西哥湾之间过冬。鲣鸟体形较大，外表呈白色，生活在开阔的海洋上。取食时，鲣鸟通常来到一百英尺以外的高度，积蓄力量俯冲入水，有时由几百只鲣鸟组成的鸟群会袭击鲱鱼群或鲭鱼群。

剪水鹱（Shearwater）

一种海鸟，偶尔会受风暴天气影响而飞往美国沿海水域，其中一种名为大鹱的鹱属鸟类能够完成非比寻常的迁徙。大鹱的繁育地位于南大西洋偏僻的特里斯坦·达库尼亚岛，它们在草地里挖掘深深的通道作为巢穴。每年春季，大鹱都会踏上漫长的北迁之旅，一路来到新英格兰一带的离岸水域，它们通常五月中旬到达，十月中旬或月末离开。随后，大鹱再横跨北大西洋，沿着欧洲和非洲的离岸水域继续南迁，直到返回南部家园。人们认为一只大鹱要完成这样的环海之旅需要两年时间，因此它们的繁育也以两年为周期。

剪嘴鸥（Rynchops）

黑色撇水鸟的学名。

建网（Pound net）

一种水下迷宫式的捕鱼网。渔网由插入水底的杆子来固定；网口朝过往鱼类常通行的水道张开；建网内部设有多个分区，鱼儿一旦入网便很难找到出路。网内的最后一个分区也称“壶”或“槽”，此处还会多置一层网。

箭虫（Glassworm）

也叫箭形虫（arrowworm），拉丁学名为 sagitta。箭虫小而细窄，是一种只生活在海洋里的透明蠕虫，从海面到深海均有分布。它们是凶猛活跃的捕食者，能够吞食大量幼鱼。

鳉鱼（Killifish）

一种有洄游习性的小鱼，鱼群常由数千个个体组成，生活在沿海的浅水湾、海港和沼泽间。

角杜父鱼（Hook-eared sculpin）

一种形状奇特的鱼类，胸鳍呈扇形，两颊长有明显的钩状凸起。角杜父鱼是一种冷水鱼，北至拉布拉多半岛、南至科德角和乔治浅滩均有分布。

角藻（Ceratium）

一种单细胞生物，直径约为百分之一英寸，学界既认为其属于植物也认为其属于动物，但通常被认作动物。它可以发出荧光，富含角藻的海域一旦出现水流扰动，整片海水都会被点亮。

巨鲐（Cero）

一种大型、银色鲭属鱼类，多分布于南部水域。常被称作“国王鱼”（kingfish），是一种强壮、活跃的捕食者，多见于油鲱鱼群间。

康吉鳗（Conger eel）

仅分布于海水中。美国海域的康吉鳗体重约十五磅，欧洲海域的可达一百二十五磅。康吉鳗生性极为贪婪。

蝰鱼（Dragonfish）

也称小蛇鱼。尽管外表凶悍，但身长仅一英尺，因此只有栖息于深海的小动物才是它们的猎物。蝰鱼可能长期生活于水下一千英尺深处的漆黑海域。

昆布（Oarweed）

一种属于海带科的褐色藻类。昆布藻体硕大，叶宽呈皮革质。深水里的昆布常长得很大，但也易破裂并被冲向岸边。其他常用名包括“魔鬼的围裙”（devil’s apron）、“鞋底皮”（sole leather）、“海带”（kelp）。昆布是目前已知的体形最大的植物之一，生于太平洋沿岸的一种昆布可达几百英尺长。

篮海星（Basket starfish）

海星的一种，长有杂乱无章并分叉的腕，也依靠这些腕的尖端行走。篮海星以困在刷毛般的数条腕间的鱼类为食。多分布于纽约州长岛东部及其北部的离岸海域中。

雷鸟（Ptarmigan）

一种类似于松鸡的鸟类，在东、西半球的北极苔原上均有分布。冬季，当积雪覆盖了雷鸟的食物来源时，它们会成群结队地深入北极腹地能够提供遮蔽的河谷地带。此外，美国缅因州、纽约州和其他北部州也偶尔可见雷鸟的踪迹。

猎鸥（Jaeger）

与海鸥、燕鸥同属鸥形目，但习性与隼及其他猛禽更为接近。猎鸥在远海过冬，它们像海盗一样掠夺海鸥、剪水鹱和其他鸟类的猎物；它们在繁殖期来到北极苔原上筑巢，以小型鸟类和旅鼠为食。

铃贝（Jingle shells）

一种小型软体动物，壳非常薄，通常呈有光泽的金色、黄色或粉红色。据说有风吹过或潮水掠过沙滩上成排的铃贝时，可以听见丁零零的响声。铃贝分布于西印度群岛至科德角之间的海域。

轮藻（Chara）

一种淡水藻类，常扎根于含有石灰质的土壤，在池塘或湖泊中成片生长。其植物组织和表面都有碳酸钙沉淀，因而轮藻粗糙极易破裂。在某些环境下，轮藻会形成大块灰泥沉淀物——一种碳酸钙细屑，可为含钙不足的土壤补充肥力。轮藻呈烛架形态，中间的茎生有小叶。果实只有图钉钉头大小，形似透明的日式灯笼，为橙色和绿色。

旅鼠（Lemming）

一种小型、像老鼠一样的啮齿类动物，尾巴短、耳朵小、足上长有绒毛，分布于北极地区。拉普兰旅鼠以其定期进行的大规模迁徙而闻名。这些旅鼠会结成庞大的队伍朝既定方向行进，无惧艰难险阻。等到达目的地，旅鼠便纷纷跳进海里为波涛所吞没。

鳗鲡（Anguilla）

各种常见鳗鱼的学名。

矛隼（Gyrfalcon）

一种大型、身体大部分呈白色的隼科动物，生活在北极。矛隼主要以小型鸟类和旅鼠为食，冬天偶尔会南下至新英格兰、纽约州和宾夕法尼亚州北部。

魔鬼鱼（Sting ray）

身体扁平，轮廓大致呈四边形，尾巴细长如鞭且长着锋利的棘刺，极易辨认。魔鬼鱼的尾巴可以给其他生物造成相当疼痛的损伤。魔鬼鱼自科德角至巴西沿海均有分布，偶见于离岸浅水渔场。它们与鳐鱼和鲨鱼有很近的亲缘关系。

鲇鱼（Blenny）

一种生活在海藻和岩石间的小鱼，从潮水线到水下三十至五十英寻甚至更深处都有鲇鱼的身影。鲇鱼身体狭长，和鳗鱼有些相似，长有一道几乎纵贯背部的背鳍。

鸟蛤（Cockle）

一种软体动物，外壳呈心形，通常双壳上排列着一道道放射肋，壳内、外均有精美的纹理。同为贝类动物，鸟蛤比蛤蜊活跃得多，常以惊人的跳跃和翻滚能力沿海底运动。足是鸟蛤的运动器官，其发达的足肌可以收缩和伸展。通过足部在壳下弯曲后迅速伸直，鸟蛤可以移动位置。

螃蟹幼体（Crab larva）

新生的幼体身体透明、头大大的，与亲体的外表相去甚远。生长的过程中，螃蟹用作防御武器的坚硬外壳会数次脱去，在一次次的蜕壳之后，小螃蟹的外表也开始接近成年蟹的样子。幼蟹生活在海面上，喜游动，可以从周围的海水里捕食更小的水生生物。

䴙䴘（Grebe）

在水上生活的䴙䴘与鸭子非常相似，但受惊时会下潜而不是飞走。䴙䴘可以在水下远距离游动，且一般不会落入渔网。它们多分布于湖泊、池塘、海湾、海峡，也有些会往海洋方向游出五十英里甚至更远。

枪乌贼（Squid）

分布于大西洋沿岸的枪乌贼多为一英尺长，常在沿岸水域大量聚集出现。渔场广泛使用枪乌贼作为饵料。枪乌贼以两方面特征而闻名：其一是在水中常飞速疾驰；其二是可以根据周遭环境改变体表颜色。枪乌贼与牡蛎和蜗牛一样，都是软体动物，但它们的壳退化成“钢笔尖”，即一种薄而坚硬的体内结构。枪乌贼体形虽小，但它们与大名鼎鼎的巨型乌贼除体形差异外，几乎没有区别。算上延展的触手，目前已知最大的巨型乌贼身长可达五十英尺。

鲭属（Scomber）

鲭鱼的学名。

秋沙鸭（Merganser）

一种以鱼类为食的鸭子，极善潜水和游泳。它们的喙上长有锋利的齿状突起，很适合捕捉及含衔外表光滑的猎物。

桡足动物（Copepod）

属于甲壳纲、桡足亚纲。体长均不足五分之二英寸，多数体形还要小得多。大多为可以自由游动的浮游生物；也有一些寄居于其他动物的身体上，来去时并不会给宿主带来损害；还有些寄生于鱼鳃、鱼皮或鱼肉中。桡足生物是海洋食物链中相当重要的一环，是连接植物和以桡足生物为食的幼鱼及其他生物的纽带，如哲水蚤。

绒杜父鱼（Sea raven）

头大且生有棘刺，鱼鳍参差，体表多刺，因而当属杜父鱼中最为奇特的一种。自拉布拉多半岛至切萨皮克湾的沿海水域都能找到绒杜父鱼的身影，在科德角北部尤其多。当绒杜父鱼向浅处攀升时，它的身体会像气球一样鼓胀；若被丢进水中，则只能被迫仰面漂浮。绒杜父鱼并不在市面销售，但沿海的渔民会以它们做捕获龙虾的饵料。

绒鸭（Eider）

真正意义上的海鸭。冬迁时去往新英格兰海域和大西洋沿岸中部，多数时间都活动于离岸水域。它们在富含贻贝的地方栖息，并通过潜水来捕食。美国生产的鸭绒大多取材于这种鸭子。

鳃耙（Gill raker）

鱼类呼吸时，水经口部流入再从鳃孔排出，鳃孔旁长有纤细的鳃丝用以吸入氧气。鳃耙是一块位于鳃孔内侧入口处的骨质凸起，其功能是过滤与水一同流入鱼鳃的食物，防止鳃丝受损。类似于人类的会厌骨，它能防止食物进入气管。

三趾鸥（Kittiwake）

一种小型鸥科鸟类。除迁徙途中经过陆地外，大部分时间在海上长途跋涉，是实至名归的海鸟，也是鸥鸟中最为辛苦的一类。它们能够跟随横跨大西洋的游轮远距离飞行。

三趾鹬（Sanderling）

一种体形很大的鹬科鸟类，也是典型的沿海岸线活动的滨鸟。三趾鹬当属迁徙距离最远的鸟类之一，它们夏季时在北极圈筑巢，冬季则南迁至巴塔哥尼亚一带。

僧帽水母（Portuguese man-of-war）

许多人都曾见到过这种美丽的蓝色生物漂浮于海面上，特别是在热带海域或湾流中。僧帽水母形如空气罐或者帆船，下垂的触手为获取猎物可伸展至四十至五十英尺。僧帽水母与水母同属腔肠动物，可能是这类动物中最危险的一种，因为其毒素会引起严重的疾病甚至致命。

沙蚕（Nereis）

一种生性活泼、体态优雅的海洋蠕虫，依种类不同，身长自两三英寸至十二英寸皆有。沙蚕栖息在较浅水域的石头下或海藻间，有时也游向水面。沙蚕通常外表呈青铜色，闪着七彩光泽，因口部粗糙有力而属于活跃的捕食者。

沙鳗（Sand eel）

参见玉筋鱼。

沙钱（Sand dollar）

如果所有海洋生物都能像沙钱一样造型简洁，那么对它们的区分会容易得多。沙钱显然因其圆形、扁平的外壳而得名，壳上生有美丽的星形图案，这意味着它们与海星之间也存在亲缘关系。沙钱生活在与岸边有一定距离的海底，但常被冲刷上岸，人们自然很容易错认这种钱币形的动物。沙钱活着时，外壳为柔软光滑的绒毛状棘刺所覆盖。

沙蟹（Ghost crab）

一种较大的螃蟹，体表苍白，几乎可以隐身于沙滩间。自新泽西州到巴西都有分布，常见于美国南部沙滩。沙蟹非常警觉，其爬行速度远超人类跑步的速度。沙蟹必要时也会入水，但通常生活于潮水线以上大约三英尺深的洞穴中。

沙蚤（Sand flea）

这些小型甲壳动物是重要的沙滩清道夫，它们会迅速吞食鱼类的残躯以及各种有机海洋废弃物。若是翻开一团潮湿的海藻，很可能有数十只沙蚤——个体身长不足半英寸——敏捷地跳出来。一部分沙蚤生活在浅水里，还有一部分生活在湿沙或海草中。

扇贝（Scallop）

不管是在美国东海岸还是西海岸，人们都喜欢捡拾扇贝空壳。扇贝的壳呈扇子形，自蝶铰沿壳长有凸起的放射肋，许多种类还会在蝶铰两侧生出用于自我保护的翼状凸起。扇贝与牡蛎和蛤蚌一样，都是可食用的软体动物，但只有那块用于开闭贝壳的健硕肌肉是可食的，市面上出售的扇贝也只有它的闭壳肌可食用。扇贝是相当好动的贝壳生物，它们能够快速地张开再合拢两壳，常以奇异的身姿在水中穿行。

石首鱼（Croaker）

盛产于新英格兰以南的大西洋沿岸海域。石首鱼因能够发出咕哝或呱呱的叫声而得名。它们长有两块特殊的鼓肌，通过鼓肌敲打鱼鳔（脊椎下一种形似气球的囊袋）来发声，叫声在水下相当远处也可听清。石首鱼也称作“硬头鱼”（hardhead），特别是在切萨皮克湾一带。

水虻（Soldier fly）

一种昆虫，因成年水虻生有鲜艳的条纹而得名[①]。某些种类的水虻幼虫生活在水里，身体呈梭形，看起来毫无生气，依靠一根连通水面的长气管来获取空气。

水母体（Medusa）

常见的铃铛形、伞形和碟形水母均属于水母体。一些水母一生中水母体和水螅体交替出现。参见水螅体。

水苏（Betony）

又称“野生水苏”（wild betony）。一种矮小、耐寒的蔷薇科灌木。多分布在北极和北温带地区。花朵大而白，叶片是雷鸟过的主要食物。

---

① 水虻直译为“士兵虻”（soldier fly），因其身体上的条纹与士兵的迷彩服相似而得名。——译者注

水螅体（Hydroid）

一种外表像植物、属水螅水母纲的动物。水螅一端有基盘用于固着，另一端有口，口周生有触手。水螅成群出现时与多枝杈的植物非常相似，群落中间有一根有生命的总管用来在个体间传递食物。

水鸭（Teal）

体形虽小，但长着蓝色翅膀的水鸭却当属鸭子中行动最迅捷的种类之一。尽管很多水鸭在与美国中部同纬度的海域过冬，但它们的迁徙范围北至纽芬兰和加拿大北部，南至巴西和智利。

苔藓动物（Bryozoa）

身体呈精细的枝杈状或苔藓状，海水和淡水中均有分布，早期自然学家将它们归为植物。某些种类的苔藓动物会形成一层蕾丝般的钙化外壳，附着在石头或海藻上。苔藓动物相当古老。

滩蚤（Beach flea）

参见沙蚤。

藤壶（Barnacle）

尽管有坚硬的外壳包裹着，但藤壶并不像人们误解的那样，与牡蛎或蛤蚌有亲缘关系，而是与螃蟹、龙虾和水蚤同属甲壳纲。藤壶在水中时，壳保持张开。它们足部长有如鸵鸟羽毛般精致的刚毛。藤壶通过有节奏地伸展足部，空气得以进入纤细的血管，食物也可被送入口中。藤壶居于潮间带，潮水退去后，会“咔嗒”一声关闭外壳。

鳀鱼（Anchovy）

小型、银色、形似鲱鱼的一种鱼。群居，是大型鱼类的食物。常见的鳀鱼多为两至四英寸长。

铁爪鹀（Longspur, Lapland）

与燕雀、麻雀同属雀形目的一种鸟，与北美歌雀大小相近。冬季，铁爪鹀偶尔可见于美国北部和加拿大南部；夏季，它们将巢筑于加拿大北部林木线以北和格陵兰岛，也有少量栖息于北极岛屿。在美国西部平原，人们形容铁爪鹀“队伍长而散漫，歌声整齐统一”。

突颌月鲹（Lookdown fish）

一种造型奇特的鱼，常见于切萨皮克湾以南的海域。体高而扁，呈美丽的银色，泛着乳白色的光泽。因长而直的轮廓和高高的“额头”而给人以此鱼正俯视鼻子的错觉。

网板拖网（Otter trawl）

一种大型锥形渔网，常沿海底拖动捕鱼。拖网的长度达一百二十英尺，网口宽度一百英尺，作业时网口于水下十五英尺的高度张开。网的开口处设有两块沉重的橡木板，木板与水流的对抗力使它们彼此远离，进而确保网口大张；两块网板又由长长的拖网绳连在渔船上。

威尔逊风暴海燕（Petrel, Wilson’s）

也称“海神之鸟”（Mother Carey’s chickens）。夏季飞往美国沿海地带，冬季返回南美洲最南端以外的筑巢地，有些甚至到达南极圈以内。这些形似燕子的海鸟常跟着船只的尾迹飞行，在水面翩翩起舞，也因此更为人知。

围网（Purse seine）

围网是一种包围式渔网，常置于有一定深度的水里，用来捕获聚集在表层水域的鱼群。使用围网捕捞时，鱼群必须可见，这意味着围网或是在白天鱼儿能够留下阴影时作业，或是在夜晚海水受鱼类的搅动能发出荧光时作业。置网时，网沿圆形围起一圈垂直的网墙，网墙中央就是鱼群的所在。随后渔民收绞穿过底边的绳索，围网就会“缩拢”，即底部闭合。接下来渔民会收起渔网松弛的网布，把鱼赶到网的“取鱼部”（bunt）或网绳最坚韧的区域，再用一种抄鱼网将鱼从围网里盛取出来。

细嘴滨鹬（Knot）

一种形似旅鸫、在海滨生活的鸟类，每年四月初从南美洲迁徙到美国。相当长一段时间内细嘴滨鹬的筑巢地都不为人知，后来人们发现其巢穴分布在北极格林内尔地、格陵兰岛和南极维多利亚地最荒芜遥远的区域。

虾（Shrimp）

活虾形似龙虾的缩小版。很多市场上出售的虾仅为它们分节且灵活的“尾部”，而肌肉含量低的虾头在加工环节就被去除了。

霞水母（Cyanea）

大西洋沿岸一种体形最大的水母。寒冷的北部海域里，这种铃铛形水母的伞盖直径可达七点五英尺，触手长度可超过一百英尺。霞水母身体的百分之九十五由水构成。常见的霞水母伞盖直径三至四英尺，触手长度三十至五十英尺。霞水母的触手上遍布刺细胞，一旦触碰，刺细胞会像发射数百根毒针一样放射毒液，体表也会因此产生强烈的灼痛感。北部海域里的霞水母呈红色，活动于南部水域的霞水母则为浅蓝色或乳白色。

仙女木（Avens, mountain）

参见水苏。

纤毛（Cilium）

细胞上发丝般的细小突起，很少单一出现，能够节律性摆动。纤毛是一些单细胞动植物及某些更高级形态的生物幼体的运动器官。

小海雀（Dovekie）

一种略小于知更鸟的海鸟，与海雀、海鹦同属海雀科。

小海雀仅在归巢时上岸。它们极善潜水，但与远亲潜鸟不同，小海雀不是用双足而是用翅膀在水下游动。

雪鹭（Egret, snowy）

多认为是鹭科最高雅优美的一种。人类曾为了获取它们在繁殖期生长的精美羽毛而过度猎杀雪鹭，雪鹭也一度濒临灭绝。尽管外形与年幼的小蓝鹭很相似，但雪鹭的足部呈黄色。

雪鹀（Snow bunting）

一种小型雀科鸟类，有时也称为“雪花”（snowflake）。雪鹀夏季在北极筑巢，冬季向南迁徙来到加拿大南部和美国北部。

牙鳕（Whiting）

一种强壮有力的鱼，几乎所有体形比它们小的洄游鱼类都可成为其食物，会追随猎物自海底游往水面。牙鳕有时也称“银色长鳍鳕”（silver hake）

属鳕科鱼类，但比多数鳕鱼活跃且身形纤细。牙鳕自巴哈马群岛至纽芬兰大浅滩均有分布，从海洋表层潮水到水下近两千英尺深处都能找到它们的身影。

延绳钓（Line trawl）

一种捕捞底栖鱼的传统捕鱼方法，尚未完全被现代柴油驱动的单拖网渔船所取代。捕鱼时，每艘渔船携数艘平底小船出发，渔具设置在这些小船上。延绳由一根长长的主线和数条系于其上的短钓线组成，短钓线按照五英尺的间隔排列，另一端挂着饵料；主线两端以浮子固定并标记。作业时，渔民定时提起支线取下渔获。有时（非“满负荷”状态下）主线仅放在平底船略下方，方便渔民迅速取下渔获、重新放饵、再立即将钓线沉入水中。

岩高兰（Crowberry）

北极地区一种常绿矮生灌木，从阿拉斯加州到格陵兰岛均有分布，美国北部也可生长。其果实是北极地区鸟类最喜爱的食物之一。

鼹蝉蟹（Sand bug）

常见于自科德角至佛罗里达州的潮间带，大量个体群居生活。一旦有强浪涌向沙滩，鼹蝉蟹便会来到水面快速爬行。鼹蝉蟹外表有一层椭圆形的壳，壳下的尾巴或腹部向前弯折以自我保护。它们与寄居蟹是远亲，不同的是，寄居蟹以另一种方式来保护其皮肤脆弱的腹部，参见寄居蟹。有时，鼹蝉蟹也称鼹蟹（hippa crabs），其拉丁学名为 hippa talpoida。

燕鸥（Tern）

相当具有代表性的一种沿海鸟类。燕鸥因其体态而易于辨认——在水面飞翔时头部低垂进而观察鱼类的踪迹，待捕鱼时潜入水中。燕鸥结成数量庞大的鸥群将巢筑于偏远的沙质海滩或离岸海岛上。据记载，北极燕鸥是能够完成最远距离迁徙的鸟类之一，它们以极圈内北美洲北部一带为起点，途经欧洲和非洲，最终抵达南极地区。

羊头鲷（Sheepshead）

一种分布于马萨诸塞州至得克萨斯州之间沿海水域的可食用鱼类，多栖身于老旧的船只残骸、防波堤或码头。可能因其头部独特的造型以及长着更为独特的、羊牙般的大颗牙齿而得名羊头鲷。

叶绿素（Chlorophyll）

植物体内的一种绿色色素，是叶片制造淀粉和糖类的重要成分。

夜光虫（Noctiluca）

一种单细胞动物，直径约 3/100 英寸。夜光虫是海洋的主要生物光源之一，大量聚集时可令大面积海水闪动着强烈的荧光。白天，成群漂流的夜光虫使得海水呈现红色。

翼足螺（Pteropod）

参见海蝴蝶。

银斧鱼（Hatchetfish）

一种体扁、银色的深海鱼类，其体内的发光器十分发达。

银汉鱼（Silverside）

一种体态纤长的小鱼，身体两侧各生有一道银色的条纹。它们在淡水和咸水中均有分布，多沙的海滨常有大量银汉鱼成群游过。

银鳗（Silver eel）

迁徙期的鳗鱼腹部呈现银亮的颜色，因而有时也称其为银鳗。

油鲱鱼（Menhaden）

一种洄游鱼类，与西鲱鱼和鲱鱼是近亲，自加拿大新斯科舍到巴西一带均有分布。人类大量捕捞油鲱鱼用以炼油、制作牲畜饲料和肥料，但此鱼不能直接食用。诸如鲸、海豚，以及金枪鱼、剑鱼、狭鳕和鳕鱼等所有比油鲱体形大的食肉鱼类都可以它为食。

有孔虫（Foraminifera）

一种单细胞动物，通常有石灰质壳，壳上多气孔或开口，孔洞中有长形的生命物质或是原生质伸出，视觉效果异常美丽。体形微小的有孔虫死后，壳沉入海底形成白垩或石灰石，沉淀物厚度可达一千英尺。埃及金字塔就是以大量的石灰石块搭建而成的，而这些石灰石的前身则是有孔虫化石。

玉筋鱼（Launce）

一种纤细、圆柱形身材的小鱼，外表类似于小鳗鱼。生活在潮间带，潮水退去后便藏身于沙子间。它们大量生活在从哈特勒斯角到拉布拉多半岛的沙质海滩，海滨水浅的地方也多有分布。和大部分其他小型洄游鱼类一样，玉筋鱼也是许多海洋捕食者的猎物，比如长须鲸。

圆口鱼（Round-mouthed fish）

一种生活在中等深度水域的海鱼。圆口鱼长着成排的发光器官，这些发光器外圈呈黑色，中心呈银色。生活在不同深度水域的圆口鱼体色有所差异，越是生活在深海里的种类，颜色越深，总体上看从浅灰色到黑色均有。圆口鱼的吻部极大，张开时呈圆形，因而得名圆口鱼。

月亮水母（Moon jelly）

参见海月水母。

藻类（Alga）

属于植物四大类之一，是结构最简单、也可能是最古老的一类植物。藻类没有根、茎、叶的分化，多为简单的叶状体。小型藻类在显微镜下才能看清，大型藻类则可长达数百英尺，如昆布。

贼鸥（Skua）

当属生活在远海上的鸟中海盗。冬季，相当数量的贼鸥来到新英格兰一带的渔场，恐吓性情相对温顺的海鸥、暴风鹱、剪水鹱和其他鸟类，掠夺它们所捕获的鱼、枪乌贼及各种猎物。贼鸥在格陵兰岛、冰岛和更远的北部岛屿筑巢。

窄牙鲷或大西洋鲷（Scup/Porgy）

这类体表呈青铜色和银色的鱼类大量分布于自马萨诸塞州至南卡罗来纳州的沿海地带。一部分大西洋鲷冬季栖息于弗吉尼亚州的离岸水域，并定期迁徙至新英格兰一带，来到美国罗德岛和马萨诸塞州海域产卵。通常，大西洋鲷底栖，但有时也会像鲭鱼那样成群游向水面。

长鳍鳕（Hake）

与黑线鳕同属鳕鱼类，但其外表与多数鳕鱼截然不同，它们身形狭长，两端尖细。长鳍鳕生有长长的、形似触须的腹鳍，并以腹鳍感知海底猎物的方位。

长尾鸭（Old squaw）

一种海鸭，生性活泼、不知疲倦，喜鸣叫，能够在冬季暴风天气活动。长尾鸭在北极沿海地带繁育，并南迁至切萨皮克湾和北卡罗来纳州沿岸过冬。雄性尾部长着长长的羽毛，与其他鸭子有明显的分别。

招潮蟹（Fiddler crab）

一种多分布于海滩和盐沼的小型、群居螃蟹。雄性招潮蟹的一对螯中有一只发育得很大，成为可用来自卫或进攻的武器。雄蟹拥有这样一只状似提琴的螯一定程度上也有弊端，因为它们不能像雌蟹那样用两只螯取食。招潮蟹通常生活在潮间带，每只螃蟹都有自己独立的洞穴。

哲水蚤（Calanus）

一种小型桡足类甲壳动物，体长约八分之一英寸，某些季节富含于新英格兰海域。其经济价值十分突出，是鲱鱼、鲭鱼和格陵兰鲸鱼的主要食物。参见桡足亚纲和甲壳纲。

栉水母（Ctenophore）

形似水母的一种海洋生物。多数栉水母呈圆柱形或梨形，靠摆动长在八列条带或称栉板上的纤毛在水里游走，因此又叫“梳状水母”（comb jelly）。阳光下，栉水母呈现美丽的七彩光泽，夜间通常可以发出荧光。它们会大量捕食新生鱼卵或胚胎，一定程度上保持了海洋生态平衡，因此具有重要经济价值。

珠光拟梳唇隆头鱼（Cunner）

一种身体扁平、背鳍长而多刺的隆头鱼，多分布于拉布拉多半岛至新泽西州海域的码头木桩或海堤附近，也可见于离岸水域。

足丝（Byssus thread）

包括蛤蚌、贻贝在内的一些贝壳动物长有一种可以分泌液体的腺体，特别是幼虫期。这种分泌物接触海水会固化成强韧的丝线或束，即足丝。足丝可以帮助动物在海浪或上涨的潮水中保持稳定。

樽海鞘（Salpa）

生活在海洋中的一种桶形透明水生生物。个体身长一英寸或更长，有时众多个体群居或连成长链。樽海鞘身体内保留着脊椎动物脊椎的前身——一种硬化的骨骼，但它们或许并不在生物演化树的主干上，因为樽海鞘本身并不是脊椎动物。